生長於此圓形地球裡
各般形態有情生命體
其之此生幸福來世樂
速疾臻達如來佛果位

情器世界優點驅使起
牽引推動心殊勝快樂
瞬息十萬慈智益顯揚
願有情心冉生此述語

弟子德通康卓邀吾為其祝禱，濁世講法者仁名即述偈語願對人生有意義。

幸福水晶生活

Crystal 教您用晶石啟動
事業、愛情、健康、心靈等全方位的幸福

藍元彤 Crystal Lan ◎著

晨星出版

幸福・水晶・想 —— 來自Crystal的愛與祝福

　　Crystal這些年來算算已經出了三本書，可是對自己的寫作技巧仍然很心虛，因為常發現自己辭窮，對一些事物的描述，似乎無法找到真正能表達的辭彙，所以對許多文字美好豐富的作家們非常景仰與崇拜，其中之一便是作家 —— 張曉風女士。

　　最近無意間在舊書堆裡翻到一本曉風女士於民國79年由九歌出版社出版的散文集《玉想》，其中第一輯便是書名 —— 玉想，玉的遐想，談到她對玉的喜愛以及相關的聯想，其中一些字句，讓Crystal心中一驚，因為完全表達出自己對水晶的感情，同樣都是美麗的石頭，我竟跟曉風女士一樣，對那她形容為「美得幾乎具有侵略性」的鑽石，只能誠實說出 ——「我不喜歡，總可以吧？」只是，會不會是因為我年紀還沒到？呵呵。

　　曉風女士在書裡說：「原來玉也只是石，是許多混沌的生命中忽然脫穎而出的那一點靈光」，而Crystal則認為，如果那一點靈光如一朵火焰，玉是沉厚穩定的焰底，那麼水晶就應該是那最頂的焰端，透明、搖曳且不可捉摸，只在光線閃過時留下或許艷紅或許冷藍的魅色。對玉的價值觀，同樣也可以用在水晶上，如「鑽石像謀職，把學歷經歷乃至成績單上的分數一一開列出來，以便敘位核薪。玉則像愛情，一個女子能贏得多少愛情，完全是對方為她著迷的程度……」

玉是靈光火焰的沉厚穩定的焰底，溫潤有情

　　對水晶情有獨鍾的我，至此只有暫時掩卷歎息的份。

　　那可不，情人眼裡出西施，一個姿色普通的女子，在為她著迷的情人眼裡，可能勝過天仙，於是曉風女士後面緊接著說「其實，玉也有其客觀標準，它的硬度，它的晶瑩，柔潤，縝密，純全和刻工都可以討論，只是論玉論到最後關頭，竟只剩

『喜歡』兩字，而喜歡是無價的，你買的不是克拉的計價而是自己珍重的心情。」對水晶，不也到最後只剩「喜歡」兩字嗎？與玉同樣的，「玉是曁入於生活也出於生活的，玉是名士美人，可以相與出塵，玉亦是柴米夫妻，可以居家過日」書裡這樣寫著，而水晶不也可以供在某名山古刹的大雄寶殿上，也可落入平民百姓家，握在手上把玩，都是容易親近的寶石。

曉風女士談起她在玉市裡以便宜的價格買了串有斑點的瑪瑙項鍊，販賣的小販叨叨說著因為這瑪瑙上有著天然的斑點所以才能有此低價，她替這瑪瑙項鍊抱了不平，並款款說起髮晶來了——「買這樣一串項鍊是出於一個女子小小的俠氣吧？憑什麼說有斑點的東西不好，水晶裡不是有一種叫『髮晶』的種類嗎？虎有紋，豹有斑，有誰嫌棄過它的皮毛不夠純色？」

世上晶石萬千，無論貴賤精粗都是天地間獨一無二的

又說「所有的無瑕是一樣的——因為全是百分之百的純潔透明，但瑕疵斑點卻面目各自不同。有的斑痕像苔蘚數點，有的是砂岸逶迤，有的是孤雲獨去，更有的是鐵鎖橫江，玩味起來，反而令人忻然欣喜。」一向喜歡欣賞髮晶與異象水晶各自精彩的內含物，神遊其中的Crystal，對這番話真是心有戚戚焉啊！

感謝曉風女士精緻俏麗的文字無意間把Crystal想說的感覺給完整的表達了，Crystal也將這樣的精采文章與喜悅跟大家分享，曉風女士寫的另一段話——「據說，世間沒有兩塊相同的玉（Crystal：晶石亦是）……屬於我的這一塊，無論貴賤精粗都是天地間獨一無二的。我因而疼愛它，珍惜這一場緣分。世上好玉（晶石）萬千，我卻恰好遇見這塊，世上愛玉（晶石）人亦有萬千，它卻偏偏遇見我，但我們之間的聚會，也只是五十年吧？上一個佩玉（晶石）的人是誰呢？有些事是不能去想更不能嫉妒的，只能安安分分珍惜這匆匆的相屬相連的歲月。」

　　談起緣份，這次Crystal出書，主要因爲早期出版《招財水晶》與《愛情水晶》兩本舊著，當時出版公司幾乎完全不讓Crystal這個初次出書的作者有任何參與，因而出來的結果跟自己想像中有很大的出入，連最重要的晶石照片經Crystal極力爭取後都還只能有前頁幾張，雖然當初初版還算受歡迎，但也許是種考驗吧？過不久連這家出版公司都結束經營易主了，當然也就沒再版，現在連作者Crystal自己都買不到，讓許多來看了我的網站介紹來信詢問的網友都很失望，自己也很難過！

　　事隔十年了，這中間Crystal經歷了許多也成長了不少，再次出水晶書，特地將前兩本書的內容精華重新整理編排，加上許多新的資訊以及生活中眞正發生在自己及週遭親友身上的晶石故事，還有很重要的靈魂元素 —— 大量在讀者網友口中形容 —— 美麗又能量十足的，老公艾文拍的精彩晶石照片。

　　而晶石也招來了不可思議的善緣，Crystal一直希望新書裡能有筆觸輕鬆俏皮的手繪插畫，可以讓一些文字難以形容的畫面以圖畫的方式讓大家一目瞭然，老天爺可能收到了我發出的訊息，帶來了因熱愛晶石，從網路上搜尋到Crystal的網站，而專程跑來新竹生活雅舖看水晶而結緣的插畫師麥朵，雖然是新手，但她溫馨可愛的插畫風格，剛好符合了Crystal文字的調性，讓這本新書更加活潑豐富，相信一定會帶給大家耳目一新全然不同的感覺！

　　更感謝暢銷書《人體使用手冊》的作者吳清忠老師，與Crystal因一場在新竹舉辦的演講而相識，後來至Crystal家作客時，喜歡上Crystal家社區的居住環境，最後竟然就在同社區購屋成了Crystal的好鄰居，這眞是奇妙啊！

　　吳老師更介紹了爲他出版第二本書《人體復原工程》的晨星出版公司給Crystal，感激晨星陳銘民社長及所有相關的工作人員 —— 包括毅冶兄、怡芬、雅琦、珉萱還有嘉佳等諸位帥哥美女的幫忙，對作者的尊重與耐心，願意讓Crystal全程參與整本書的編排，讓我跟年輕的麥朵有充分溝通的時間與機會培養出默契，也讓我可以從艾文好幾萬張的照片中慢慢挑選出最適合的，《幸福水晶生活》眞正實現了我想分享晶石美

好的夢想，真的好感動！

最要感謝的，當然是各位多年來與Crystal的網站，部落格一路相隨，一起成長，一起經歷歲月親愛的網友們，因為有你們，Crystal才能一直堅持到現在。感恩我的上師仁波切，以藏文與中文寫下祈福心語，讓每位看到這本書的讀者們都能得到吉祥殊勝的祝福與加持。這本書的完成，除了上述各位的幫忙，還包括我的好友張元貞老師與桃子（詹千慧）這兩位專家分別提供了她們在植物精油與手工皂領域中相關的專業知識給Crystal，非常感激！為了表達對上天以及社會一點回饋之意，Crystal發願將把這本書至少一半以上的版稅捐出來護持上師仁增塔欽仁波切的佛行事業以及捐作社會公益等，將愛與祝福迴向給天下有情眾生。

每個人都如晶石般是天地間獨一無二的，請珍愛自己，也珍惜與晶石及身邊所有的人事物這相知相遇的難得緣份，我深深相信這些善妙的因緣跟晶石發出的正面能量有絕對的關係！

希望大家閱讀這本書時就像來到一個輕鬆好玩的教室，透過晶石這奇妙的鑰匙，運用Crystal在書中內容教大家的方法，啟動生活中各個領域的能量，創造屬於自己全方位美好幸福的生活，終至尋獲最究竟的平靜與快樂！

上帝留在人間的珍寶 —— 水晶

◆ 吳清忠 /《人體使用手冊》作者

　　因為水晶的緣故認識Crystal和Ivan夫妻已經好幾年了。記得第一次拜訪Crystal在新竹的家，驚艷於她家水晶和各種石頭的擺設和社區環境的清幽，當時正好在找房子，就這樣從台北搬到了新竹，成了Crystal的鄰居，可以更方便的向Crystal請教寶石和水晶的應用知識。

　　Crystal研究水晶多年，認真經營的電子報也超過了十年，我和家人都是電子報的忠實讀者，經常從她的電子報中得知許多水晶和其他寶石的信息。等了很久終於等到這本書的出版，從這本書可以很方便的瞭解水晶在生活中的各種用法。這本書的內容是Crystal 20多年來鑽研水晶和玉石的心得匯總，讓人大開眼界。對於喜歡水晶的人，這是一本可以放在手邊隨時查閱的工具書。

　　許多年前有一次拿著一塊朋友珍藏的寶石，突然感覺那塊寶石似乎存在著一種向上旋轉的力量。那是我第一次發現寶石不是傳統認知不會動的無生物，它似乎存在著類似生命的能量，而且源源不絕。這次特別的感受讓我開始對各種玉石和水晶發生興趣，只要看到玉石或水晶，總會試著尋找那種生命的感覺。

　　水晶的運用多數源自於西方，特別是養生方面。西方的水晶運用有久遠的歷史，東方則在各種玉石的運用較為普遍。例如，傳統中醫的主要治療方法為砭、針、灸、藥四種，其中砭就是用一種名為砭石的能量玉石，將之磨成針狀來做治療身體的疾病。另外中國人也用大量的玉石在風水的運用上。

　　我最早學習中醫是從經絡推拿開始，但是好的推拿師非常不容易培養。因此，這種技藝注定了不易傳承和推廣。每個時代雖然有大量的推拿師，但是真正的高人總沒幾個，得有很好的機緣才能碰上一個，千百年來都是如此。因此在學習了推拿之後，

我一直想利用我的工程背景，開發儀器來替代推拿。知道了寶石和水晶具備能量，直覺上認為這種能量和人體的罡氣很類似。因此，利用寶石的能量來調理經絡是我嘗試的主要方向。

經過了十多年的研究和實驗，開發一種利用特殊寶石為原料的經絡調理產品，其所發出的能量果然一如預期，和氣功師所發的罡氣非常類似。罡氣的源頭是一個寶石晶片，這種晶片可以吸收空間能量，再散發出罡氣。在寶石晶片配上一個特殊形狀的水晶，則罡氣會從水晶一端呈束狀的能量發射出來。雖然水晶也有能量，但是在這個應用中，水晶只是用來做為罡氣傳導和聚焦的作用。

將束狀罡氣對準經絡上的穴位，即能將寶石所導入的罡氣能量輸入人體。由於罡氣被聚集成束狀，能量強度比四散的罡氣強很多。被作用的人很容易能感知罡氣的存在。有趣的是罡氣作用於穴位上，不同的人有不同的感覺，甚至同一個人左手和右手的感覺也會不同。有些人覺得罡氣是熱的，有些覺得像風吹的感覺，有些人覺得像輕微觸電的感覺，也有些人覺得在穴位點上有壓力。似乎會隨著身體的狀況有不同的感覺。這是個很有趣的技術和產品，現代科學對罡氣仍然無法測得，更無法量度，是一個幾乎完全未知的領域。

罡氣進入身體會自動循著經絡在體內流動，達到疏通經絡的目的。這個產品仍在開發實驗階段。在試用的過程中發現其效果比預期高很多，能夠在短期間改變經絡的狀態。

養生經絡調理，水晶是非常重要的元件。也許在未來這種水晶的應用會幫助許多人減輕病痛，至於能有多大效用，則有待設備完成之後的臨床應用中，慢慢理解，也許有一天它真的能夠替代讓人非常疼痛的經絡按摩。

水晶和寶石是上帝留給人類最寶貴的珍寶。

網友分享一　與月光有約

◆ 文／Rebecca　攝影／艾文 + Rebecca的帥哥老公

　　記得Crystal曾問過，我是怎麼從網路上找到生活雅舖的網站，認真的想了想，竟無法給Crystal明確的答案。只是一向不信任網購的自己，竟經由它而認識一對精采的璧人——Crystal與Ivan（艾文），進而學習到水晶的奧妙；怎能不感謝這最美麗的邂逅呢！

　　一向自傲可以活得十分簡約的自己，居然如此癡迷的愛上天然水晶，是令自己意外的一種收穫。我先把「Crystal的水晶魅力世界」當成百科全書，時時造訪並耐心的查看，數年前即售出的水晶亦都仔細的一一欣賞。在累積了一定的水晶知識後，才發現雅舖網站上標售未售出的跳跳兔天使，竟然如此稀少。情急之下，直接撥了雅舖的電話，Crystal開朗悅耳如銀鈴般的笑聲，在聽我抱怨跳跳兔太少時，就這樣讓我留下了深刻的印象。Crystal說雅舖有更多的晶品，歡迎我去參觀；因此，我第一次搭高鐵，就是到專程新竹拜訪生活雅舖的Crystal與Ivan。

　　親自去過生活雅舖的人都有過的經驗是——若不耗上半天功夫，是無法過癮的。有太多Crystal的精品，若不細細來回品味巡視，讓美美晶品有時間與你對話，常會與極品失之交臂。我最喜歡在雅舖找適合自己的東西，老覺得那種尋覓的過程是在拼湊出完整的自己，也進而有機會觀察出Crystal的與眾不同。她是位十分真誠的美麗水晶公主，她的眼睛不僅不會說謊，更常慧黠的點出適合我的水晶。有時，在電話中，她說很漂亮的晶品，宅配到我手上時，都超乎我想像的美。當我因此向Crystal發出讚嘆時，這位有時有些脾氣的老闆娘Crystal就會用淡淡的口吻，低調的說：「對啊！我們照相都沒有打光喔！」

　　因離新竹千山萬水，Crystal到我家的女兒簡直是如文成公主般的遠嫁，幸好，個個都被我養得晶瑩剔透，既無撞傷也沒裂痕，足以安慰依依難捨的Crystal啦！在整理

要回娘家的水晶時,才發現自己手邊竟珍藏了數枚來自Crystal處,以K金封底的月光石,有些是看了水晶報網購,也有是直接在雅舖挖到的寶貝。看著它們時,不禁更懷念與Crystal一起欣賞水晶時的歡樂時光。

這枚月光石戒指是最能安定自己紛擾心靈的寶物。每當需埋首文案中,一定會先帶上它,文思枯竭時,那溫婉的藍色光芒總給我無比的靈感,無數的繁瑣工作總能順利迎刃而解。它是我心中的最愛,戴上它就意味著自己又將有新作品產生,而過程中的艱辛與折衝,都娓娓的說給這枚戒指聽……

晶石也可來個套組喔!這個墜子(右圖)是我在雅舖東轉西轉、繞來繞去才給找出來的喔!帥氣的Ivan用訝異的神情,詢問我怎麼找到它的?我笑了笑,原來這枚墜子一直靜靜的在雅舖等……我。發現它時,心中只有似曾相識的感動那種貼心與合諧,是一種久別重逢後的喜悅。這個墜子像不像兩個正在對話的水滴?輕輕緩緩的,只講給懂得人聽。雖不霸氣卻也不會讓人忽略。戴上它時,老覺得自己也輕盈和緩了些。

其實,月光石有許多不同的顏色,發現自己鍾愛的是——以K金封底襯出的藍色。這枚戒子(左圖)的藍屬銀藍色,好小的戒圍,套在小指上當尾戒,常會讓自己端詳到分神。最愛它的五彩蝴蝶結,靈動到讓人以為年頭到年尾都可以過聖誕節了!

這枚墜子(右下圖)是我的印度公主,也是較偏銀藍色;那圈碎鑽的火光囿於照相技術尚待加強,而無法呈現。否則,它的閃亮不輸給天上的繁星。若能找到另一半,湊成一對耳環;呵呵!多麼的寶來塢啊!美麗的親家母——Crystal,妳是不是也同意,把另一位孿生女兒

嫁到我家來呀？Crystal沒有這個女兒的照片喔！怕她想念，趕快請外子拍照寄上。

水晶與玉都是十分靈動的精靈寶石，有些是因太愛了而常戴，而這串緬甸玉細皮繩項鍊是因太愛它，反而不敢太常戴；深怕縟熱的夏天，汗水淋漓而薰壞了這嬌嬌女。只有在秋高氣爽時，讓它輕輕依偎在自己的頸間，經過鏡子前，都難以迴避它的嬌媚而顧盼自得。

Crystal有交代，文章要有結尾。嘻！我原冀望還有機會寫續集的，怎知就被這位親家母給活生生斷了指望。 結論就是，Crystal要多多push一下，讓設計師Kevin有更多的新題材，讓愛美的女人都能有最珍愛的水晶。

也希望擁有美美晶品的幸運兒們，要相信你擁有的晶品都是無價，一如你身邊的人。唯有珍惜自己擁有的美好，下一個美麗的珍品才有機會進你家的門喔！

網友分享二　找回最初的悸動

◆ 文 / Su　攝影 / Su & 艾文

　　我與生活雅舖水晶之緣，是在十年前我剛剛獨自一人從高雄北上新竹工作的時候。從學生時代就鍾愛水晶的我，發現原來在異鄉也可以找到這麼溫馨舒服的雅舖，著實讓心靈溫暖不少。

　　因爲剛步入社會，真的沒有太多預算購買水晶，所以我常常是去逛的比買的多。直到有一次Crystal姊跟我說：「過幾天有一批迷你聚寶盆，你記得要來看看喔。」頓時心中充滿期待……。幾天後，我下班準時到雅舖報到，但還是晚了一步，迷你聚寶盆已經剩下一半的量。雖然如此，剩下的這一些可愛小傢伙，在柔和的燈光下微微靜靜的閃著光芒，好像早已等候我多時。

　　那天我總共挑了五組，其中兩組陸續分送給我的好友。每天下班回家第一件事就是仔細欣賞他們，每一顆的品相各自不同，迷你晶簇叢生，在燈光下不僅透光而且還閃閃發亮呢。在這把玩的過程是種享受，頓時將工作的勞累化爲烏有。這樣簡單的滿足，在五年後也不得不向現實的轉變低頭，經歷一連串生活的轉變……出國遊學、職場轉換、結婚生子……等。因爲忙碌的生活，我早已未再造訪雅舖，並且將所有水晶寶貝們用箱子收好，放在儲藏室不起眼的一角，久久不曾再打開過。

　　直到今年三月，一切生活逐漸步入正常軌道，在家裡儲藏室中看見一只熟悉的箱子。這只積著灰塵的箱子，似乎有一種無形的力量在召喚我，我瞬間回到十年前……那個純真的過往，眼淚不自覺的就落下來。心想著：「對不起你們，我把你們遺忘在這裡好久～好久；我也對不起自己，我把自己遺忘了好久～好久。」

　　於是我開始瀏覽Crystal的水晶魅力報，看看這幾年我錯過多少美麗的水晶。瀏覽的過程中，我的心情是非常興奮的，原來這些年有這麼多特殊水晶推出，這些多半是獨一無二的，所以更顯珍貴。突然，有一樣晶品緊緊抓住我的視線，久久無法移開，那就是2010年3月18日推出的「鈦晶貓眼圓珠手珠」……哇！多麼秀氣的一條手鍊，顆顆晶瑩剔透閃著金黃色的貓眼光芒，不像一般傳統圓珠手珠，這一款反而有種時尚感。

　　十年後的今天，我懷著忐忑期待的心情再度造訪雅舖，帶走我一見鍾情的鈦晶手鍊，它也帶我回到最初的地方……這個溫馨充滿歡樂笑聲的雅舖。在這裡可能會遇到完全不認識的其他客人，但是大家因為水晶而結緣，互相分享各自的心情點滴，就像朋友一樣輕鬆自然。而我呢，在繁忙的工作與家庭生活中，有個可以短暫沉澱的地方。或許雅舖的陳設與多年前不同了，但是那種暖暖的氛圍卻從不曾改變。

contents

上師仁波切的祈福心語

自序 幸福・水晶・想 ……………………… 001

推薦序 上帝留在人間的珍寶 —— 水晶
《人體使用手冊》作者 吳清忠 ………… 005

網友分享一 與月光有約 …………………… 007

網友分享二 找回最初的悸動 ……………… 010

幸福水晶暖身篇

認識天然晶石	014
天然晶石的真偽分辨	018
天然晶石的淨化	021
天然晶石的充電	028
認識「合成水晶」	029
使用天然晶石前的注意事項	030
正確的觀想	037

幸福水晶運用篇

招財水晶	044
愛情水晶	097
飲食水晶	150
時尚水晶	157
風水水晶	162
行走水晶	186
園藝水晶	188
養生水晶	190
寵物水晶	208
本書參考文獻書目與網站	211

幸福水晶暖身篇

幸福水晶暖身篇 ♀

　　要開始應用水晶能量之前，一定要先作個暖身操，花點時間好好認識了解晶石，才能靈活運用，讓晶石的能量充分發揮，讓Crystal來引導您做最好最充足的準備。

① 認識天然晶石

　　大家發現了嗎？百貨公司有許多專櫃玻璃櫥窗裡展示著透明閃亮沒有任何天然內含物或雲霧石紋等的水晶玻璃飾品與器皿，它們也號稱「水晶」，它們沒有甚麼能量，但售價甚至比真正大自然環境中千萬年以上才能孕育出的天然晶石還要昂貴，這兩者之間到底有什麼不一樣呢？

　　以天然晶石中最具代表性的白水晶為例，它的另一個名字叫「石英」，長長的尖尖的，為六角柱體，化學成分是二氧化矽（SiO_2），摩氏硬度7度，比5度的玻璃硬，但低於10度的鑽石，它必須在高溫攝氏573度以上，壓力在水銀壓力計1000-2000公釐之間，也就是我們平常所處的大氣壓力二至三倍的狀態下才能形成。天然水晶成長的速度很慢，有科學家曾做過研究，抽樣檢測一顆白水晶柱，從岩石底部到晶柱最尖的地方，大約十公分而已，用同位素放射比對的結果顯示，估計它的地質年齡可能超過數億年，再加上地震、洪水，甚至打雷等等的天災，晶石能倖存下來實在不容易，所以朋友們若擁有一顆天然水晶，請好好珍惜，那真是大自然得來不易的寶藏！

　　天然水晶有幾個特點，一是它能產生電流效應，也就是能形成所謂的「磁場」；二是天然水晶能儲存記憶。科學家發現如果電流通過晶片時，振頻便會不斷產生，而形成肉眼看不見的震盪效果，進而產生傳遞作用。所以從一九四○年代末期開始，聰明的人類便開始將這種特性運用在各種領域內，從石英錶、替代真空管的電晶體收音機、電視機，還有最前衛的電腦、各項電子設備、微波控制系統、汽車電子自動燃火器等。

晶瑩剔透的白水晶柱

　　天然晶石還有擴大，轉換，聚焦等物理特性。傳說中消失的文明古國——「亞特蘭提斯」的人民們，便運用上述特性，透過巨大的水晶塔接收來自宇宙的強大能量，將之轉換成各種民生必須的電力、熱能等，來維持整個國家的生存與運作。

　　只可惜後來好景不常，這樣的特性終究屈服於統治者的貪婪之下，晶石的特性竟被用來滿足少數人的慾望與野心，違背了造物者當初期許亞特蘭提斯人民使用水晶在善良與光明的正面意義，最後引起地球磁場發生了混亂與變化，天災加上人禍，讓整個國度與他們創造的文明，在一次地殼大變動之後沒入海底，徒留神祕的傳說流傳後世。水能載舟亦能覆舟，越是了解天然晶石，越要時常提醒我們——人類不可重蹈亞特蘭提斯的覆轍，要保持內心的善良與作正面的思考，因為其實我們自己更是一顆大水晶！

　　如果你也跟Crystal一樣住在新竹，那就更應該認識天然晶石，因為從新竹早期的傳統玻璃工業，到現今科學園區內絕大多數的產業，都跟水晶（Crystal）有非常密切的關係，可以說如果沒有二氧化矽（Crystal），恐怕有很多人都要失業囉！

　　最常碰到人們問我——天然晶石的能量訊息與磁場真的存在嗎？Crystal當初也曾懷疑過，所謂各種晶石的神奇靈性功能到底是商人耍的噱頭？還是真有其事？

　　Crystal經過近二十年的接觸與體驗，了解到其實這所謂的靈性功能跟命相、星座學一樣，都是一種統計學，很早以前就有人發現水晶的這個特性，而經過眾人多年的經驗累積，便歸納整理出我們現在看到的一些訊息，尤其晶石跟色彩與光之間的關係密不可分，色彩治療又被廣泛運用在最近歐美流行的新時代運動、靈修及人體輪脈、風水五行上。而晶石之所以能有所謂避邪化煞的作用，乃是在於它本身產生高頻率的振動，而另一個空間裡的一些負面的東西（如阿飄等）都發出低頻率，它們不喜歡逗留在高頻率的環境中，當然就會迴避或離開，加上Crystal自己親身也有一些體驗，更加相信水晶在某些範圍內的磁場功能的確存在！端看你如何去正確運用它的力量！

　　所以，如何運用天然水晶這些記憶、儲存、擴大、傳遞、轉換、聚焦等的效能，讓我們個人的身體更健康，早日找到情投意合的另一半，讓感情路走得更順暢，甚至財運更亨通、工作更順利呢？

　　首先就讓我們先來認識天然晶石這個大家族。天然水晶大致分為兩大類別──顯晶組與隱晶組，另外還有特別晶石組──如骨幹水晶等。

顯晶組──有可見的、明顯的六角結晶形狀者

　　　　　　　白水晶──人稱「晶王」，可鎮宅避邪、聚氣。

　　　　　　　紫水晶──因含錳或氫化鐵故呈紫色，加熱後顏色變淡，因此常有人用來加溫製造假黃水晶；可開發智慧，增加自信。

　　　　　　　黃水晶──含二價鐵成分故呈淡黃色。紫水晶經森林大火或地熱而演變者稱天然黃水晶，人工處理者稱熱處理黃水晶，靈性功能差異不大，但價格差異極大。

　　　　　　　粉晶──又稱「芙蓉晶」，有玫瑰晶及薔薇石英等，呈粉紅色。非花蓮產之薔薇輝石（又稱玫瑰石），有人用染色以增加其色澤，此化學染劑其實已破壞其靈性。粉晶主助人追求愛情，改善人際關係。

　　　　　　　帶髮水晶──簡稱「髮晶」，非藏有頭髮，天然內涵物實為纖細如髮絲之礦物質，如含金紅石、赤鐵礦、針鐵礦等，髮絲呈褐色、橙色、金黃色、銀白色等，另有少數在馬達加斯加發現含陽起石之稀有品種，髮絲呈綠色。帶髮水晶主加強氣勢，開創大事業之魄力。

白水晶簇

　　顯晶組中有些水晶含微量輻射性金屬，但對人體無害，因此有人用鈷60照射白晶來仿製茶水晶或煙水晶，顏色有深淺差別故名稱不同，不透光者稱墨晶，主毅力，使頭腦冷靜，提升分析力及性能力的效力大致相同。

隱晶組——隱晶的意義是內部含極細小的六面結晶狀體，細小到必須用顯微鏡才看得到，並在每一個晶體間充滿了非結晶性的「水化矽石」，使得這類礦石在外觀上不像一般水晶，但事實上卻是貨真價實的水晶家族。

讓人會心一笑的瑪瑙開口笑

瑪瑙——包括了條紋瑪瑙、藍紋瑪瑙、水瑪瑙、紅瑪瑙、苔蘚瑪瑙、角礫瑪瑙等，其中尤以水瑪瑙最為人津津樂道，狀似聚寶盆，拿起晃動，有時可聽到水聲，因形成的過程中慢慢將水包起來的緣故。據說水瑪瑙可以促進夫妻感情融洽，性生活更為協調。

貓眼石——水晶中含石綿纖維，因含不同之微量金屬而底色不同，底色微綠故稱「貓眼」，底色金黃稱「虎眼」，藍色底稱「藍虎眼」；是主激發勇氣，堅強信念等。

蛋白石——產自澳洲、巴西等地，頗為稀有，半透明的白色中透出獨特的火彩（fire），能激發想像力及靈感，讓人充滿創意，跳脫思考的窠臼。

橘色蛋白石彩鑽戒指

碧玉——因受附著之大量礦物質影響，有強烈的顏色，如紅、綠、黃等，其中紅碧玉能減輕孕婦生產時的痛楚，並保母子平安！

玉髓——呈透明至半透明，有幾種不同顏色，其中藍色玉髓可助人去除腦中一切不必要的記憶與負擔，旅途中帶著可保平安，放在枕頭下可讓你不懼黑暗、不做惡夢！

不管是顯晶組或隱晶組的天然水晶，都同樣具有儲存、接收及傳遞的效能，除了以上的晶石外，還有很多其他非六角結晶的美麗天然寶石，如鑽石，剛玉，電氣石，菱錳礦（又稱紅紋石），翡翠，天青石，孔雀石，菫青石，綠松石等等，其他還有有機寶石如琥珀蜜蠟、珊瑚、珍珠等，Crystal不是學礦物的專家，實在記不住那麼多的數據，本書的重點在於分享晶石的運用方式而不在於此，還好坊間已有許多分類描述非常詳細的晶石工具書，有興趣的朋友可以去書局找來好好研究喔。

② 天然晶石的真偽分辨

水晶有成色等級之分，影響水晶價位的因素很多，不像鑽石以4C就可以判定，所以建議大家還是要多聽、多看、多比較，才能真正判斷出來。一般市場上的標準是，晶石結晶愈大愈好、透度愈透愈好，顏色愈鮮艷愈好，形狀愈典型愈好（如六角柱結晶或晶洞原礦等，有些粉晶原礦就絕不是六角柱形，市面上所謂的粉晶六角柱全都是人工磨出來的），Crystal個人認為選購水晶時，自己喜歡是最重要的。

選購時辨識真偽的方法大致有下列幾種：

雙折射法

取一條黑線或髮絲，用膠帶黏好固定在白紙上，將水晶放在線上，透過水晶觀看黑線或髮絲，若折射為兩條線影就是天然水晶。但這樣的兩條線並不一定會很清楚，有時折射出來的另一條線只會是一條淡淡的黑影有時還重疊一起，要仔細看才看得到，若未有折射現象，仍呈一條線影的話，就非天然水晶。此法可分辨水晶與玻璃製品，但人工養成之再生水晶仍會成雙線，無法分辨。但有些已經琢磨成很小的珠珠或墜子，或者已有閃亮刻角車工的飾品，就可能看不到這些現象，但並不代表就不是天然的晶石。

磁場試驗法

　　將兩顆天然晶石分別以雙手拇指、食指及中指三隻手指頭捏住，兩石距離約一至二公分，緩緩相對旋轉並相互靠近，立即可以感覺到有種類似磁鐵相吸相斥或相吸的奇妙力量，尤以晶球最為明顯，非天然水晶不會有此現象，包括合成水晶。

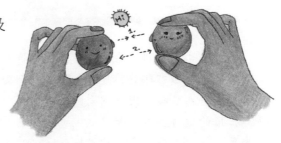

自我感覺法

　　心情愉悅寧靜時，選擇水晶特別有感應。Crystal的親身體驗是你第一眼就會看到它，即使花了許多時間觀看其他晶石，最後仍會選擇它，那是因為有些天然水晶的震動頻率跟某些人接近，自然會召喚自己的主人，所以還是相信自己的直覺！

　　以下是好幾位網友在選購晶石時的真實故事分享，就讓他們的文章來現身說法一下，給大家參考參考喔！

會找主人的水晶豬　　文／小惠

「晶石與我」徵文活動優秀作品分享　活動時間2006年4月

　　一直以來就很喜歡花花草草及石頭，但不知從什麼時候開始我愛上水晶也發現自己和水晶玉石之類有些許的奇妙互動，印象最深刻的是有一次我在雅舖發現一隻茶晶所雕刻的豬，我好喜歡喔，因爲它圓圓胖胖的，又笑得好開心，一看便喜歡的不得了，但因當天匆匆忙忙的趕著搭車回家（我當時是林口、新竹通勤的上班族），便請店長Jessica先幫我留起來，我明天再來拿，但可能我沒說清楚所以當隔天下班我再到雅舖時，Jessica告訴我那隻豬賣掉了，嗚……人家好難過啊！當天便很沮喪的搭車回家，在車上還一直想著那隻豬呢，也一直安慰自己或許是牠和我無緣吧！

　　隔天下午，我收到Jessica給我的mail，她告訴我：小惠，妳今天下班一定要來雅舖喔，我要給妳個驚喜，一定要來喔……我心想Jessica可能覺得内疚，想給我個補償吧，但其實那天我是不太想去的，因爲那天我自己開車上班，下班時間很容易塞車的，所以想早早回家，但我怕沒去Jessica會難過，所以我還是去了趟雅舖，一進雅舖我笑了，開心的笑了，因爲映入眼廉的是我超喜歡的那隻豬……天啊是怎麼回事啊，Jessica笑著說：小惠，牠回來找主人啦！她說原本的買主買回去後放在桌上，怎麼看都覺得不對勁，所以就拿回來換囉，我開心極了，馬上就將她帶回家。

　　從小我就很喜歡豬，雖然大家都覺得豬髒，但我就覺得牠們很可愛，所以我收藏了很多的豬，舉凡布偶、木雕、水晶、還嫁給了生肖屬豬的先生，所以先生有次對我說：原來我也是妳的收藏品之一啊！ ^_^。

茶晶小豬雕件

很奇妙的感應吧？

坊間也流傳一種所謂環指測試法，簡單來說是手的拇指與食指形成環狀，將晶石放在左手掌上來感受有放晶石跟沒放晶石的差別，可是要仔細描述起來有點複雜，且這方法的公信力褒貶都有，如果有機會的話，Crystal再親自示範給大家看看。

另有一種誤傳的天然晶石分辨法叫做「倒影法」只用於球體水晶，由晶球看過去成倒影才是真水晶，否則則是假水晶。但上述說法是錯誤的，念過物理的人都知道，依凸透鏡原理，地球上所有透過透明球型物透視，反映出的景物必定是倒影，不管水晶球或是玻璃球，所以這種測試法不能測試出天然水晶真偽，請不要信以為真。

最後還是要提醒大家，挑水晶要多看、多接觸，才能累積出品味與鑑賞能力，大家一起加油吧！

③ 天然晶石的淨化

為何要給水晶洗澎澎？所謂「洗澎澎」就是指「消磁」＝「淨化」，水晶是「活」的寶石，利用水晶儲存、傳遞及震盪的特性，達到我們追求的效果與目標。而晶石的原礦，就好比一片空白磁碟片，自開採、包裝、搬運、加工至銷售，過程當中經過了許多人的接觸，自然也儲存了許多不同而雜亂的磁場，這些磁場不見得對我們有益，所以常見網友來信問我：「水晶可以讓別人觸摸嗎？」、「這樣會不會吸到不好的氣？」是的，水晶的確有儲存記憶的能力，但也沒那麼嚴重，除非對方是令人深惡痛絕的大壞蛋，不然，自己的好友、同事摸一摸無所謂的，頂多隔一段時間再淨化消磁就好了。如果戴水晶戴到步步為營、草木皆兵弄得緊張兮兮的話，那就太可悲了！

因此，當你收到或自賣場買到一顆水晶或水晶飾品，請你一定要先做「消磁」、「淨化」的動作，正如同將磁碟片format的動作一般，如此你才能將屬於你自己的訊息輸入（input）給水晶，並藉由啟動水晶天然的震盪，結合宇宙的力量，擴大訊息，形成更大的磁場，達成你的願望。

消磁淨化的方法有下列各項：

陽光淨化法

　　找個風和日麗的好天氣，曬得到太陽又安全不會被偷的地方（如陽台、窗邊等），將用礦泉水或過濾水洗淨的水晶放置在陽光下曝曬，尤其早上十一點至下午一點最好，曬個幾小時就能消磁了。

　　提醒大家，淨化晶石磁場與單純清潔晶石是不同的。清潔水晶千萬不要用化學清潔劑，因為不易沖洗，且容易殘留。有次因盛水木器上的漆溶解了，把浸泡在容器中的橄欖石染成了紅色。Crystal當時剛接觸水晶，不懂其中道理，竟異想天開的先拿洗碗精洗，再拿漂白水漂洗橄欖石，紅色果然去掉了，還以為用水沖乾淨後就沒事了，繼續放在客廳角落，結果整整一星期，我只要一進客廳就頭痛，離開客廳進入臥室就沒事，百思不解！

後來才想到會不會是漂白過的橄欖石在作怪？試著把它拿出室外後再進入客廳，頭就不會痛了，後來只好忍痛將那已被污染的橄欖石拿去埋入土中，可見化學清潔劑有多毒，即使一點點的殘留也會因水晶的震盪，而使負面能量擴大。這也是Crystal第一次親身強烈感受到晶石的能量！

另外，某些晶石，如粉晶、紫水晶，最好不要用陽光消磁法，否則色澤容易變淡、變白，比較可惜。最適合用陽光消磁法的是白水晶、黃水晶、茶水晶、綠幽靈水晶、白幽靈水晶及黑曜岩等較耐高溫的晶石。

避免使用陽光淨化法的紫水晶

粗鹽淨化法

所謂粗鹽就是指還未精製前的鹽，也就是一般老式雜貨店中賣給阿嬤醃菜醃肉用、顆粒很粗的海鹽。我曾在新竹的小雜貨店買過，一台斤才八元，一大包可以用很久。粗鹽自古以來一直有避邪淨化的作用，古今中外都可以看見用粗鹽來驅邪化煞的場景，舉個最常見的例子——日本相撲比賽開始前裁判就一定會抓把粗鹽灑在場中以淨化賽場，這可是一個很重要且不可或缺的儀式喔！

淨化消磁時只要視晶石大小用手抓一小把粗鹽，放在天然材質容器中（避免用塑膠、壓克力等人工材質），最好用玻璃碗或磁碗，家裡吃飯用的碗或碗公洗乾淨就可以用了，加入礦泉水或過濾過的清水，最後再放入晶石，水量蓋過晶石，放置約一天一夜即可。

適合粗鹽水浸泡淨化的綠幽靈水晶球

用過的粗鹽水充滿先前浸泡水晶的負面能量，最好不要重複使用再拿來淨化別的水晶，這樣是會有反效果的！粗鹽消磁法可以配合陽光或月光淨化法，更加事半功倍，而且除了淨化還能充電，若無陽光可浸泡二十四小時，即可徹底淨化消磁。

此法較不適用於鑲有金屬環扣的水晶墜子或其他有線繩之晶石飾品，更不建議將晶品整個埋入粗鹽堆中，因為鹽分會腐蝕金屬及線繩，除了影響美觀，也容易導致金屬銹蝕鬆脫或繩線斷裂，要特別小心；較適用於未經琢磨的原礦或晶石。

大自然淨化法

朋友們若出外玩耍，可利用大自然的力量消磁，舉凡沒受到污染的瀑布、溪流、海邊等，就可以將晶石泡到水裡面，利用大自然的力量，替晶石淨化並充電。但小心晶石們很喜歡回歸自然，到時候會莫名不見了！

黃水晶手珠

以下有一個真實例子——Crystal有位美女朋友M，我們一起到墾丁玩，靠近佳洛水附近，海邊懸崖上有一大片青翠漂亮的草原，可以遠眺巴士海峽，大家下車散步玩得很開心。M手上那串原本戴得好好的全新黃水晶手珠（而且Crystal剛剛才幫她穿好線的）忽然斷落，十幾顆水晶珠珠一下子就消失在一大片草叢中，幾個人當場馬上蹲下來在草叢中幫忙找，怎樣都找不到，M好心疼，我們只好安慰她說水晶可能太有靈性了，禁不住大自然的誘惑，投奔自由去了，let it be吧！

另外若到郊外踏青，遇見水質清澈的溪水或瀑布，也是可以將晶石們泡在水中，讓天然的流水淨化消磁，但晶石們真的很喜歡回歸自然，所以可千萬要盯緊一點兒，自己也不要忘記帶回家，不然溪水就會把它們帶走不回頭喔！

音樂淨化法

晶石是活的寶石，尤其它有記錄聲波的能力，所以挑選溫和寧靜的音樂、活潑開朗的音樂，或者大自然的聲音，如海潮聲、鳥叫聲等，甚至坊間現成的音樂，如用水晶杯或水晶琴等水晶製作的樂器敲擊出的水晶音樂，溫和寧靜的心靈音樂等讓晶石淨化消磁。有宗教信仰的人可以選擇自己喜愛的宗教音樂，如聖詩或佛號佛樂等，晶石聽幾個小時下來，也有淨化作用。

這種方法尤其適用於不易搬動的晶石，當然超過二、三公斤以上的晶石自己便已是一座發電機，按理說應不必充電了，但聽聽好的音樂會讓它充滿正面的能量，對人還是很有幫助的。

不易搬動的紫晶洞最適合
音樂或薰香淨化法

淨香淨化法

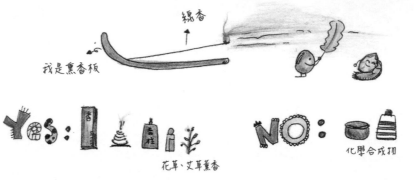

運用我們上香祭拜常用的香、香柱、香塔及香環的薰香，讓繚繞的香煙來淨化水晶。別小看那裊裊的青煙一縷，它的力量可是非常強大的，甚至可以凝結、轉換時空。氣味優雅的檀香或沈香，以及可以安神定氣的琥珀香，或近年流行的芳香療法用的各種精純的花果香精（不是化學合成的喔），以及最近流行的艾草薰香，都有消磁淨化效果，只是功效沒有祭拜用的香好。但此法也是擁有大型晶石及店家最常用的方法，因為不必搬動晶石且方便有效。

廟宇過火淨化法

依不同宗教至不同地點，佛道教徒可至各廟宇道觀，注意要拜「正神」的廟宇，而非拜「陰神」的廟，一定要看清楚。確定無誤後將晶石在香爐上左三圈或右三圈繞一繞，就可以完成淨化消磁了。

若是本身在就有在家修行「作功課」的習慣，將晶石放在一旁一起「作功課」，聽佛經或佛咒也是很好的淨化並且充電的方式。若是基督教或天主教徒，則可帶著水晶進教堂作禮拜、唱聖詩，讓水晶浸淫在虔誠神聖的氣氛中，自然而然就淨化了。

晶洞晶簇淨化法

家中若有一個三公斤以上的大型晶洞或晶簇是最方便的了，一些水晶小品只要睡前往晶洞或晶簇上一放，第二天早上就淨化好了，你可以放心戴上出門，因為晶洞晶簇已經自動幫你充電了。不過放到晶洞或晶簇時要小心，要輕輕的放，不要用丟的，因為水晶的硬度是摩氏硬度7度，比玻璃5度還硬，若太大力，水晶彼此摩擦碰撞，難免形成傷痕。

請小心輕放

對我溫柔一點

錯誤的淨化方式

好多人都問過Crystal：「晶石可否放到冰箱冷凍庫去消磁？」Crystal在此慎重告訴大家：「千萬不要！」水晶的膨脹係數極低，熱脹冷縮的結果，很容易就使它碎裂，等於結束水晶的生命！更何況冰箱中裝滿了各種雞鴨魚肉的dead body，還有其他的東西，就算水晶能適應溫差，它所吸收的「氣」會是正面的嗎？

因此，喜歡洗三溫暖的朋友們，最好進三溫暖前先將身上的水晶飾物解下放妥，否則一趟三溫暖洗下來，水晶等於是歷經一場浩劫酷刑，請大家高抬貴手，放過它吧！也常有朋友問說洗澡時，水晶是否要拿下來，Crystal個人的建議是最好拿下，一方面是避免水氣侵蝕水晶的金屬配件或是繩線，久而久之容易鬆脫腐蝕，到時候水晶不知不覺丟掉了都不自覺！再來浴室廁所通常連在一起，晦氣濕氣多，水晶當然是避免為宜，不過也不必凡進廁所就拿下，那也太累了，戴水晶戴到這樣麻煩是沒必要的。

另外我個人也不建議直接用檀香油等油類去抹在晶石上作淨化，原本光滑剔透的晶石，抹上油之後反而減損了它的晶瑩美麗，而且滑滑的也容易失手掉落地上吧？到時候就只有心痛的份了！

④ 天然晶石的充電 ── 輸入訊息

Crystal先前曾說過,水晶很像一張磁碟片,因具有儲存、傳遞、擴大等功能,所以一段時間後就要重新淨化一次,也就是format一次。但淨化只是將水晶恢復到最原始的狀態,像一張空白磁碟片一般,這時的水晶因為沒有任何的訊息,所以也不會有任何效果。要讓水晶產生作用,很重要的過程就是 ── 輸入訊息(input)。當然,我們給水晶的訊息最好是正面的訊息,這樣水晶才能幫助擴大這訊息的能量磁場,傳遞這樣的訊息給宇宙,結合宇宙不知名的力量,進而幫助我們達成願望。如果你才剛開始接觸晶石,不知道要如何才能輸入訊息給水晶,那麼Crystal現在教你最簡單的方法。

陽光(月光)充電法

在如何淨化水晶裡,我曾談過曬陽光與月光也是淨化的方法之一,而且一舉兩得,同時淨化與充電,是最經濟方便的方法。但不是每種淨化法都有充電的效果,比如說泡粗鹽水法,如果只是泡粗鹽水而沒有一併曬太陽的話,就只是淨化而已!最好淨化完再充一下電較好。陽光與月光的差別在於曬完陽光的磁場較強烈且銳利,像金光四射的陽光一般。

Crystal曾有一盤粉晶七星陣,一直都放在臥室裡,很久都沒淨化了,有次天氣很好,便將它放到陽台從上午曬到下午,曬好以後Crystal把它歸還原位 ── 床頭櫃上。沒想到那天晚上我一直睡不著,腦子一直覺得有一波波的能量投射過來,咻咻咻、一陣一陣的,讓我非常不舒服。之前都沒這樣的現象啊?後來才想起會不會是床頭櫃上粉晶的關係呢?於是便起身將粉晶七星盤拿出臥房,放到客廳裡,回到房裡一上床,神奇的是那種一陣陣的磁波感應就不見了,一夜好眠到天明!按理說,粉晶的磁場應該是頗溫和的,可是經過夏天正午陽光曝曬過後,也會形成極強的磁場,可見陽光的充電功能很好;但粉晶或紫晶還是不要太常曝曬,顏色容易變淡。而月光的磁場是溫柔而平和的,反而比較適合放在臥室裡的粉晶或紫晶。

宗教音樂充電法

聽適合的音樂也是淨化的一種，聽一般水晶音樂或輕音樂只能淨化水晶，但若是佛號或聖歌等有特定宗教磁場的音樂則還可以充電，因為音樂的歌詞或內容是有方向性的，所以如果你的水晶常聽重金屬的音樂，磁場也會很火爆喔！

進階充電法

觀想其實是最有方向性的一種充電法，因為你可以鎖定某件事、某種功用（如招財、愛情、健康等）。但觀想牽涉到一些外在及內在的因素，並不建議剛接觸水晶的人馬上就實施，以免引起不必要的麻煩與困擾。

⑤ 認識「合成水晶」

有一位網友在Crystal的網站上留言：「大家好，我是一位香港的讀者，香港現在有太多的假水晶或合成水晶（又稱養晶）在市面上，本人戴水晶已有十多年了，但對（天然）水晶的認識仍覺粗淺，但本人可以大膽說出來，市面上十間水晶店，有八間店主自己本身對水晶的認識亦有限，只是從書本或從批發處得知，是養晶或是天然，自己也分不清楚。就以黃晶為例，本人親眼見過很多店主，他們自己所戴的也是合成水晶，問他們怎樣分辨，他們一定會回答你：『只要水晶內有深也有淺的顏色，那便是天然的了。』Crystal看了這留言感受很深，所以針對這點略做說明，請大家在購買水晶時千萬要小心。

黃水晶的合成水晶是否也能做到顏色深淺不一的境界？答案是不行的。目前生產最多合成水晶（又稱再生水晶或養晶）的地方是日本，他們採用「水熱法」的方法來生產養晶。這種方法的基本原理是運用一個約兩層樓高的高爐巨桶，注入大量「無水矽酸」，並加入二氧化矽。然後在底層及上層各加攝氏約四〇〇度的高溫，上層比下層的溫度略低約四〇度左右，並在溶液中懸入供結晶出來的再生水晶附著用的晶核

（乃一片二○公分左右的米達尺，薄薄一片，將來可切割），利用熱對流的原理，讓高溫超飽和的原料鎔液由底層流向溫度較低的上層，結晶慢慢依附在晶核的兩面上（類似砂糖或鹽結晶的過程）。約兩三天後就結晶成一定厚度，將養晶抽出冷卻成形，然後再鋸掉中間的晶核，剩下的就是晶瑩剔透、色澤一致的養晶。所以，根據這樣的原理，在整個作業過程中，溫度、壓力與環境是受到嚴格監督的，不能輕易改變，不然便無法完成整個步驟，所以整塊養晶的顏色勢必一樣均勻。

而天然黃水晶的顏色有淺有深，且有雲霧狀或冰裂紋，那是大自然的傑作！不過科技日新月異，目前有業者利用雷射等方法，將白水晶加入淡淡黃色，形成也有深淺的黃色色帶，但畢竟看起來還是怪怪的不太自然，大家還是要多注意些。

真正天然水晶的深淺色帶是非常自然美麗的，雖然市面上已經越來越少，這也是最值得我們珍惜的地方，宇宙造物的奧妙，真是太神奇了！

⑥ 使用天然晶石前的注意事項

收藏天然晶石會不會帶來危險呢？Crystal一直跟大家強調，天然水晶有儲存、擴大、傳遞的作用。但它是被動的，也就是說當你輸入正面的訊息，它的確會幫你儲存起來，並將這訊息擴大，傳遞至宇宙裡不可知的地方，結合這神祕的力量來幫你完成心願。若輸入負面的訊息，它同樣也會照單全收，而奇妙的是它卻能消化這些負面能量，減弱壞的影響。因此，也就有所謂的避邪化煞的功能！所以沒有不好的晶石，晶石會有問題，主要原因是人的處理不當，與它本身無關。

晶石與主人的互動與感應真實故事分享

　　晶石通常會和它們的主人們有特殊的感應，這雖然很難用科學來證明，確常發生在Crystal自己與身邊的親友或網友身上，以下是幾個真實故事的分享：

初戀的紅蘿蔔——紅兔毛水晶墜　　文／繁花如夢

「晶石與我」徵文活動優秀作品分享　活動時間2006年4月

　　想當初，看水晶看了將近四年，才買了第一樣水晶飾品。當時在百貨公司看到水晶專櫃，忍不住習慣性地過去欣賞。結果被一個多角度切面的長型水滴墜子給吸引住了。那是當時還不多見的橘紅兔毛水晶，兔毛又細又濃，像果凍一般。幾經波折，我才擁有她。在我的水晶收藏裡，算是我的初戀。

　　因為她的質地清透而又濃勻，彷彿被凍住的火焰一般。我常想，她是冰火交融，像周夢蝶的詩句：「自雪中取火，且鑄火為雪」——凝固且具像為我所擁有的晶瑩。而在較蒼白的日光燈下，她則像是清脆爽口的胡蘿蔔，充滿水分而且清甜。當時有個小白兔般氣質清爽的大男孩喜歡吃紅蘿蔔；男孩，是花兒的初戀。說不定曾經的情感也像初戀的水晶墜，是凍住的火焰。這又讓我不禁聯想起睡美人的故事：當公主沉睡的時候，整個城堡也跟著沉睡了；包括燃燒中的火焰，也在公主沉睡的那一刻凝住。

　　某日，在朋友家過夜時心痛到凌晨兩點，從心臟到右手無名指尖，隱隱地痛，無法入睡。隔天回到宿舍，發現裝著「胡蘿蔔」的錦盒從書架上掉落，墜子摔在椅子上，墜頭的地方有了小裂痕。或許是巧合吧，總令我心疼不已。而今，生命解開沉睡的魔法、癒合曾經的傷痛，帶來新的啟發。巫師唐望說：「只有以不變的熱情去愛大地，才能解悲傷。只有對生靈的熱愛，才能予生命戰士精神的自由。」

　　涵養深廣的智慧，使人信念堅定、使人玉潔冰清；而對萬事萬物不變的愛，燃燒為內在永恆的火焰。活著——願像質地清透紅火的兔毛水晶，存在得多麼美麗！

Mein Schuldip（德文）我的舒迪比　　文‧攝影／Lorelei

「寶貝水晶回娘家」徵文活動作品分享　活動時間2010年4月

　　我可愛又漂亮的舒俱徠石項鍊Schuldip（我替它取的德文名字，音譯爲舒迪比）啊~~~>W<，是約2006年在新竹有間Crystal的生活雅舖購買的（不過我算是用網路購買的方式）。還記得當初光看到圖片就很喜歡，因爲價錢不斐，本來想拖我媽媽一起買，但MAMI不肯XD，結果我還是偷偷買下它了哩（眞壞）沒辦法，太愛了啊！！！戴到現在3年多了，這期間斷了3次！一年一次耶……

　　說到第一次，是在炙熱的7月份，在家中書房從墜頭那斷掉的，當時一室串珠墜落的清響聲啊~~~好佳在墜子我接的剛剛好！XD，那時只是想說：啊~~~流汗流太多線被腐蝕所以斷掉了吧？於是把寶貝的它寄回生活雅舖修理。哇咧！沒想到第2年的夏天又斷了！ㄨ哇哈！不過我的手心還是接他接得剛剛好！！這次是在補習班斷的，珠子不像第一次四處散落，（好在好在不然在外面豈不是撿死,更何況還是上課中咧），倒是這次在項鍊斷掉前，眉心感到一股股的陣痛……於是我想到──難不成是鬼月幫我擋掉不好磁場的關係嗎？不過我一直都是對磁場感應不敏銳的人，也從沒遇過什麼詭異的現象，所以，最後還是把斷線想做是常常戴被汗液侵蝕的關係去……在第2次斷掉後，我便將Schuldip擱置著，因爲有新的寶貝可戴，想說沒那麼急著修……結果躺在盒子裡的Schuldip就像是一直對我散發著能量似的，一股催促著我再趕快將他重串好，要我戴上他的感覺もう～～分かったのよ（厚~~我知道了啦）！

　　再次送醫>>生活雅舖維修>>然後返家　　おかえりなさい～～（歡迎回來~）

　　這次在配戴上，我便注意著夏天儘量不要戴上他，或是在流汗時趕快將他取下擦乾，因爲我很怕哪天他掉下來，我卻沒接到他時，那可是會非常心痛的>_<

　　嘻~2009年夏天果然安然度過，沒有斷咧！

　　錯了！結果就算夏天沒有斷，Schuldip還是給我來第3次的墜落XDD（眞的是很奇怪捏？另一條異象水晶，夏天常戴到現在也都還沒斷過，更何況還比你大顆又重呢。）

2009年我進了研究所，壓力突然增加，面對很多事情埋怨不斷，很不開心很痛苦，當然有一部分是自己的惡習造成的。在這樣的狀態下我又戴上了Schuldip，甚至還帶著他入眠，沒想到才沒幾天，坐在書桌前我伸手摸了摸它，輕輕的~~~而已，竟然就ㄆㄧㄚˋ？！扯下它了XD~~~不~我根本也不算有扯它啊，幸好它還是好好的在我手心裡，沒碰撞墜落之類的就是哩，萬幸啊萬幸~經過又這麼一次，我相信它是幫我吸收負能量的關係，每每斷掉的就只有你耶，然後每每又都被我接個正著，Schuldip還想繼續留在我身邊吧>~<所以在潛意識裡驅動了我的手「快接！」哈哈，謝謝、愛してます。（謝謝，我愛你）

大家都說舒俱徠石佩戴後會漸漸改變顏色，但我的寶貝似乎都沒什麼變過，是因為沒經過啟動嗎？即使如此 Schuldip似乎還是為我吸收了不少負面能量，另外放在手上沒多久手心還是能感受到它微微的跳動，或許它不想改變吧？

有件事現在想到覺得很好笑，當我在原先對Schuldip一見鍾情Crystal的網站上，又看到另一條紫得好漂亮的舒俱徠石，很心動，很想買時，才在我考慮要不要買的沒幾天後，再度上網瞧去時，赫！！竟然被別人買走了！！？明明之前那條項鍊從推出時間到我注意到為止，好幾個月都沒人要買的說XD~~~ Schuldip吃醋了啦XDD...I'm sorry~~><，Lorelei自己拍她的重編過的寶貝舒俱徠石項鍊現況。

活了23個年頭，到現在都沒交過男朋友，知道後的朋友都很訝異地問：為什麼？！這……要怎麼回答啊/ \？也不能說是不知道啦，但就是沒遇上令我怦然心跳的對象啊~如果有人問我：那你心中想要的男朋友的形象是如何？咦？無法很具體的說出耶XD，我想我會回答——就像我的寶貝Schuldip給我的感覺那樣吧，厚~~~這啥鬼回答啦XDD，哈哈，就真的很難說咩:P

我喜歡像Schuldip那樣給我冷酷沉靜的帥氣感，（好像都沒在理我似的不變色），但在我很難過很痛苦，或是遇上連我自己都不知道的危險時，卻又默默地在一旁守護著我。哇塞！！這~完全是我喜歡的風格耶！！真是百分百的戀人啊！哈哈！從初次見面的一見鍾情開始，到現在細水長流的感情，Schuldip在我心中一直有著特別的地位與特殊的情愫吶。Ich liebe dich（德文：我愛你）

Crystal的補充──

「我的舒迪比」這篇文章的作者Lorelei說她大約自2005年開始看Crystal的網站，2006年第一次購買Crystal的晶品，就是這串她稱之為水晶戀人，還用德文取了個Schuldip可愛名字的舒俱來石項鍊，Crystal結緣出去的項鍊十年來至少也有上千條，因為設計師很專業，通常都用好幾條細而強韌的魚線來編項鍊，所以斷掉回來「進廠維修」的比例非常非常少，大概十個指頭數得出來，像Lorelei這樣連續三年斷掉的更是唯一，我們仔細研究過這串項鍊，實在想不出原因，謝謝Lorelei的體諒，沒責怪我們。

另外我也要在此特別說明一下──Lorelei本人曾親自從高雄專程來過生活雅舖，是個亮麗開朗的漂亮女孩，有著極甜美的笑容與明亮的眼睛，我們那天聊得很開心！目前她正遠在日本某研究所深造中，說她沒男朋友真的讓人很訝異，男孩子們眼鏡恐怕得擦亮些，還好有晶石們陪伴著她，祝福她早日找到像她的Schuldip那樣深解她芳心並有所感應的白馬王子嚕！

有興趣收藏晶石的朋友，尤其是剛接觸天然水晶的朋友，也許會有些特殊的反應，但先別緊張，只要瞭解就安心了，在選購晶石時請特別注意以下幾點：

慎選天然晶石來源

目前台灣的天然水晶原產地大多為巴西等國，運送到大陸或香港加工，然後才運到台灣銷售。中間經過採礦工人、搬運工、加工師傅、貿易商、批發商、零售商等多人之手，也經過許多地方，我們很難判斷這個水晶到我們手裡時，它已儲存了哪些訊息？所以Crystal一直覺得，至少最後一道關口，也就是將天然水晶直接賣給消費者的零售商，在賣出天然水晶之前，一定要幫天然水晶做淨化程序後才能販售，這是很基本的職業道德，對零售商來說也比較好，免得店裡積存過多雜氣而影響到自己的生意。Crystal不管是在網站上或從生活雅舖售出的晶石一定都是淨化過的，否則我會覺得對不起大家。

而消費者也要慎選買水晶的地方，像玉市路邊攤等固然也能挖到寶，可是淨化這方面就比較難要求了，所以買回家後，最好自己先徹底淨化買回來的水晶。如果在店家購買的話，Crystal自己的經驗是，如果店裡給我的感覺不舒服（比如陳設混亂，水晶都蒙了一層灰，燈光昏暗，老闆抽菸喝酒吃檳榔氣質與氣色很差等等，以上請自行參考），通常就不予考慮了，因為在這樣環境裡的水晶，本身訊息就已很混亂了。當然，這只是舉幾個例子，不過靠自己的直覺是蠻準的喔！

✔ 選擇最適合自己的晶石

剛開始接觸水晶時，要積極不要心急，先從小件的晶品開始。比如說小墜子、小手珠或是小晶柱之類，循序漸進；當你對這些小水晶慢慢熟悉了，習慣它們的能量後，再慢慢考慮購買較大件的晶品。選擇適合自己的水晶很重要，不見得威力強的水晶會比溫和的水晶適合你，能量太強的水晶可能會讓人亢奮易怒，難以平靜，甚至可能讓你情緒失控，得罪別人。另外，也不要偏好某一種水晶，人的七個輪脈有七個顏色，任何一個輪脈過強都會有不好的結果，人還是平衡最健康。蒐集七種不同顏色的水晶以備不時之需，還是比較實際。

✔ 嘗試通靈要有專業的人士輔助

沒有專業的人士輔導或沒有足夠的專業知識，千萬不要嘗試通靈或隨意使用激光柱，容易傷人傷己。

✔ 切勿心急而致反效果

有些朋友剛開始接觸水晶，就希望很快看到效果。在還沒習慣水晶的能量前就馬上用來靜坐或觀想，有時會有下列狀況發生：

生理上的反應

使用天然晶石可能會產生的效應

頭痛、頭暈

水晶的能量會刺激第三眼（眉心之間，俗稱「印堂」），這塊地方是直覺力的中心，能量進入松果腺，讓我們的腦部做出調節的反應，有時能量過多或過快就會產生頭痛，可能持續幾分鐘至幾天不一。

Crystal有次拿一批白幽靈水晶金字塔回家擺放時，就曾連續偏頭痛三、四天之久，但之後就忽然豁然開朗痊癒，好像被打通經脈一樣。

頭痛持續時間視每個人的敏感程度而定，但不用懼怕，身體適應之後，這種感覺便會自然消失。如果很不舒服，可以運用大塊煙晶或黑曜石球置於腳底，想像頭頂過剩的能量導致腳底排出，就可以達成上下平衡，不再頭痛。

白幽靈水晶金字塔

或冷或熱的感覺

有人與水晶接觸時會有或冷或熱的感覺，Crystal倒是不太有這樣的感覺。但有種說法是：因為水晶會平衡我們體內不足或過多的能量，不足的時候因水晶能量進入所以發熱，過剩時水晶幫助釋放能量所以發冷。後來倒是在將手掌放進紫晶洞時，會感覺到某些紫晶洞的能量是暖的，有些則是涼涼的，據說這跟萬物都有陰陽之分有關，但不管冷暖其能量卻無好壞之別。

酥麻、針刺的感覺

一般人將左手手掌慢慢伸入紫晶洞時，這樣的感覺最明顯，像被無數細針刺的感覺。有時握水晶觀想時，對應身體的各輪脈也會有這樣的感覺，據說是水晶的力量正在修補受損的部位，所謂痛則不通，通則不痛。也有人會有觸電般的感受，那是因為磁場的電流穿過晶石與人體之間所發生的，一旦將晶石移開，這樣的感覺就會消失，這時可以稍加活動或按摩，舒活筋骨。

腹瀉、反胃

晶石的力量如果對某人太強了，實在負荷不了，通常就會有反胃或腹瀉的情形發生；而且還會伴隨著心悸、心臟突然亂跳，就像喝含咖啡因過多飲料後的反應。這時最好將佩帶的晶石取下，換戴小一點的，或者縮短佩帶的時間，一天戴一、兩個小時就好，等身體適應力增高，再慢慢增加佩帶的時間。體內配有心臟輔助器的朋友最好不要接觸晶石，否則晶石會干擾儀器運作，容易引起危險。

心理上的反應

水晶會啟發我們的個人意識及對外的敏感度，就像裝了很敏感的雷達一樣，甚至會讓人們體驗一些平常不願面對的負面情緒或心結。你可能會在睡夢中夢見一些潛意識的黑暗面、令人很不舒服的畫面等，而且平日不太在意的事情也會變得難以釋懷，甚至覺得困擾。但這些都是水晶靈修的必要過程，無法逃避。坦然接受後，當你學會面對這些黑暗情緒時，其實也是成長與解脱的時刻！

⑦ 正確的觀想

水晶像是一張空白的磁碟片，需要輸入訊息給它。水晶尤其對聲波及影像特別有記憶，在觀想過程中，我們腦中的矽微粒子會帶電相吸，刺激我們的腦下垂體及松果

腺體，所以觀想（或冥想）便成了輸入訊息的一種方法，同時也可運用觀想，想像七重輪脈對應的色光。水晶的運用則可提供氣輪能量，突破體內的障礙，幫助我們排除晦氣，達到淨化並平衡人體七個輪脈的作用，讓身體更強健，養身也養顏。

想要靈活運用晶石，一定要先學會「觀想（又稱冥想）」。Crystal在這裡提出自己的經驗跟大家分享。

準備動作

(1) 先找出一個乾淨、安靜不受干擾，足以讓你以舒服的姿勢坐下的地方。不一定要雙腳盤坐，但不管用任何坐姿，記得脊椎要挺直，以免氣血阻塞，能量線無法暢通。雖不至於要沐浴齋戒，可是一定要記得將身上的行動電話關掉，一些金銀晶石等有能量的飾品也要先拿掉，以免影響磁場。配合水晶音樂或柔和安詳的輕音樂效果更好。

(2) 最好坐南朝北，以符合地球這個大磁場的磁能方向，順乎自然，才能讓身心都能平靜下來，不會磁場相沖而胡思亂想、雜念叢生，半途而廢。

(3) 觀想的時候由於輪脈會打開，因此若無適當保護，初學者很可能會被一些無形的外力入侵，所以必須給自己佈置一個防護網。可以用一個白水晶大衛星陣，兩個三角形的尖端各朝向南方與北方，放置在打坐觀想的位置前方，可以強化四周能量磁場，形成保護，讓觀想者更易入定，不受侵害。沒有白晶陣的朋友則可用淨化過的白晶柱或白晶球，或以黑曜石球代替。如果完全沒有晶石，也可以先想像一道白光將你團團圍住，像個白色金鐘罩一般罩住你，堅如銅牆鐵壁，滴水不露，外力不能入侵。

還可準備一塊漂亮的布，上面放上四元素 ── 火（蠟燭或燈）、土（晶石）、水（小碗水）、風（代表空氣）（可點香或香精油），放在自己的前方，佈置成一個小祭台的感覺。

開始觀想

1. 全身放輕鬆，心情也放輕鬆。初學者可以不用晶石，雙手放鬆交握；也可用左、右手各握住一個小晶柱或小晶球。Crystal個人喜歡左手握白晶柱，尖端朝自己，右手握黑曜石或黑碧璽等黑色晶石，左進右出，儘量集中注意力在晶石上，開始閉目冥想。

2. 初學者不要心急，一步步來才不會有危險，可先想像白色光自左手掌心進入經手臂進入身體，由頭部往下慢慢充滿全身，而身上的晦氣、黑氣則經由身體流至右手臂進入手掌，被黑曜石或煙晶吸收、消化。
   一次約十至二十分鐘，打坐觀想重質不重量，時間過長可能會過分刺激身體，對一些特別敏感的人來說，會有強大的感應，不要被嚇到才好。

3. 如果已經觀想了一段時間，有心得並較熟練時，就可以進階。事先想好你要求的事情及畫面，用肯定句來想像，不要用否定句或疑問句，儘量使用正面的引導句，而非負面的引導句。比方說若想找理想對象，可以配合左手握粉晶觀想：「我已經遇見很好的對象（形容一下對象的特質或特徵），並且感情融洽……而非「我可否遇見理想對象？」。

4. 一定要用過去完成式的句子來求，不要用現在進行式或未來式、祈求式。例如：「我已經與我的理想對象步上紅毯，婚姻生活美滿（想像婚禮狀況）」，而非「我將會與我的理想對象步上紅毯」。

5. 觀想感情或財富時可多求一點，以免磁場能量在空間轉換時消耗掉而縮水。如觀想愛情婚姻：「我已經與我的理想對象步上紅毯，婚姻生活美滿，感情如膠似漆，生下兒女兩名……（想像全家和樂狀況）。」

⑥ 求愛情若不會想像畫面，可以想像粉紅色的光從左手緩緩進入身體，漸漸擴大，籠罩住你整個人甚至整間房屋。若想求財，則可想像綠色光或黃色光，以此類推。

⑦ 觀想時要心存感激與慈悲，懂得分享，不可只顧求自己的私利，不顧道德、家庭、社會等整體利益。宇宙的力量極大，人類本是其中渺小的一部分，將自己的所得與他人分享，將能量流通，反而能獲得更大的能量引進，造福自己周遭的人。

⑧ 觀想最後記得要收功。所謂收功就是想像自己的七個圓圓的輪脈（能量中心）輕輕地以順時鐘方向旋轉關小，關至適當的大小就停，也不能全關。想像整個人的身體充滿白色光，黑氣、晦氣都從腳底或右手掌完全排出後，才緩緩張開眼睛，調整呼吸，靜坐休息一下。觀想白色光的原因是因為白色光是最好的療癒光。

觀想收功後，記得喝一大杯500CC的溫開水，幫助身體排毒，如果能喝水晶水最理想。有很多人想用觀想來進行水晶靈療，但這是非常專業的領域，即使是Crystal都不敢輕易嘗試，需要專業治療師來完成，如大衛星治療法、雙重大衛星治療法、七重輪開啟法、晶簇療法、晶簇聯合十二星陣治療法、針對人體不同部位的交戰治療法等，治療師必須清楚知道受療者的問題出在哪裡？該運用什麼療法？治療過程中，受療者可能會產生一些不良的副作用，如頭痛、背痛、昏眩、抽筋或肌肉疼痛等，激烈的還會顫抖、搖首、發冷甚至哭泣等，治療師都必須能掌控所有情況並繼續治療。一般人最好不要隨便嘗試，一不小心可能會走火入魔。

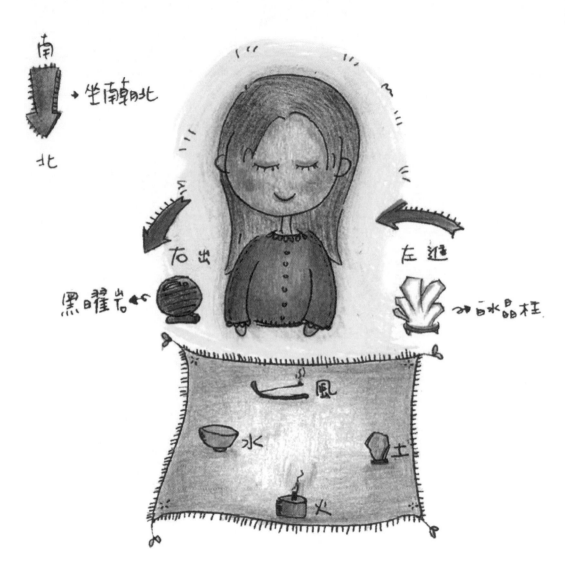

幸福水晶運用篇

招財水晶

①引言：心存正念與感恩 ── 招財進寶旺旺來

最近幾年景氣低迷，讓許多朋友們紛紛加入了失業的行列，或者頓失大筆財富，前途茫然不知何去何從？有些甚至因為無法抗拒這樣的壓力結束了生命，有些則對自我失去信心。

進而牽累了家庭與身邊的人，財富人人愛，但如何取得財富，卻成了自古以來大家爭相追求的，一個永遠無法滿足的目標！

追求財富的方法很多，尤其現在有許多所謂的各式開運法，教大家如何賺大錢，古時候的人因為致富最大的可能就是發橫財，所以便想利用黃色的光，也就是黃水晶來增加發橫財的機率，最近幾期的樂透大獎，據說有好幾位得主都說他們因為看了《祕密》（The secrete）這本書，學會了觀想自己中獎的快樂感受與情況，保持會中獎的堅定信心，並且模擬好中獎後如何回饋社會的感恩之舉，果然如願！

其實這些方法在很早期Crystal在跟大家分享如何運用晶石觀想達成願望時所描述的非常類似，不知道大家有沒有發現呢？但能發橫財的機率畢竟是少數，現今大家都漸漸認同白手起家，從正當的工作事業來累積財富才是長久之計，所以可促進事業順利，宏圖大展的綠幽靈水晶便開始成為重要的主角。但到底晶石真的能這樣幫助你嗎？Crystal認為心存如果要發財只靠晶石的力量，天天觀想淨化，自己卻不努力耕耘，好逸惡勞或是滿心邪念，只想走捷徑發大財，那是不可能如願的，即使一時致富，一定不長久。

或者有些人剛開始的確很努力，也很懂得運用水晶擴大能量的力量，發了大財，可是過了一陣子便沉迷在私慾中，不再努力，賺錢也不回饋家庭社會，幫助其他的人，這樣的結果也不會福蔭子孫的。

　　一旦運用水晶的力量幫助自己獲得名利後，一定要記得多作善事，多宣揚水晶的美好，將這正面的力量發散出去，幫助更多的人！

晶石招財真實故事分享

　　Crystal收藏晶石約20年來，自己與身邊的親友們都曾遇見許多有關晶石能量奇妙的體驗。在Crystal創立逾十年的Crystal水晶魅力世界網站，也曾舉辦過好幾次有關晶石的徵文活動，好多位網友都寫下了他們親身體驗晶石招財能量的故事，參加徵文活動，Crystal當時也都徵求過他們的同意，將這些故事貼上網站及部落格跟大家分享，本書中也特別將這些故事整理歸納出來讓更多朋友也能看見這些精采的晶石故事，更特別再次感謝這些參加徵文活動的好朋友。

一個有關粉晶球的故事　　文／網友林大哥

　　這是一位網友寫給我的信，敘述他朋友因粉晶球而餐廳生意從門可羅雀變成門庭若市的有趣經過，以下是林大哥的Email內容。

　　大家好，這裡有一個真實的案例分享大家，我幾乎沒有在網路上寫過文章，我與Crystal是網友關係，我要說的故事是一個粉晶的事實——

　　我本身在刑事警察局上班，偶然的機緣接觸水晶，一天我一位開店的朋友突然對我說：大哥，生意不好做怎麼辦？據了解粉晶能帶來人緣與人氣，所以我就將自己一顆約20公分直徑大的粉晶球借他擺置店中。

　　約十天左右，我問他是否可以拿回？結果他說我如果想拿回是不可能的！問題也不是那顆球價值多少？而是因為放了粉晶球後他的生意日日好轉，不久又開了一家分店！這還不是重點，約一年前他那三個小孩的媽因故暫時離開他，沒想到他的心血努力沒有白費，我也沒有白費苦心幫他，一個月前我居然又看到他的太太，我朋友說他太太回來了！

　　雖然這篇短文看到的人可能不多，我也不希望廣為流傳我只是說出事實，與水晶魅力報的朋友們分享。

一個令人不敢置信的真實水晶故事　　文╱Joann

「晶石與我」徵文活動優秀作品分享　　　活動時間2006年4月

　　這是個真實的故事，請聽我道來……常看Crystal網站的網友大概知道，Crystal有個嫁到新加坡的表姐，那就是我，去年3月她才剛剛和艾文及我的大舅，大舅媽（也就是Crystal的父母）一起來新加坡遊玩，大家也應該都在她的網站上看過那次旅行的照片。

　　有關水晶的知識，大多都是由Crystal那兒知道的，自從她開了生活雅鋪之後，便跟著她愛上了水晶，愛那通透的清涼感和單純的顏色，每次回臺灣，總要上雅鋪中流連，一定要帶回幾樣水晶才算回去過台灣了！

　　對水晶不是很精通的我，對各色水晶的功用也都一知半解，簡單地認為，喜歡就好，對於這樣的表姐，Crystal和艾文都一一耐心地解說，幾年前第一次去到雅鋪，看到一盤鈦晶的晶柱七星陣，對那清澈又帶金黃色髮絲的水晶喜愛不已，Crystal說「鈦晶是稀有且能量極強的水晶，具招正，偏財作用，可放在家中財位或直接配戴在身上」嗯……這麼神奇啊？

　　估且一試，當天便買下這盤鈦晶七星陣，還外加鈦晶墜子項鏈一條，回新加坡後，把水晶盤放在所謂的財位，項鏈當作飾品帶著，根本忘了招財的事！可奇妙的事發生了，在大概兩個禮拜後，閒暇喜歡買買獎券試運氣的外子真的中了一筆獎金！算算約台幣16萬元耶，心中想著……還真巧呢！不知道會不會是鈦晶發揮了作用？！不過接下來的日子裡，又把這件事給忘了，項鏈也隨著心情與其他飾物輪流配帶著。

　　到了去年中，項鏈的墜子忽然破了，看著挺心疼的，年底回台時和Crystal提起，她說「這可能是幫你消災，如果喜歡，再來挑一個吧」這次去她的生活雅鋪，便又選了一個鈦晶項鏈外加一條相配的鈦晶手鍊，還跟Crystal開玩笑說「我想在新加坡開一間生活雅鋪分店，為了要賺開店的本錢，所以先買鈦晶項鏈招財呢！」

鈦晶晶柱七星陣

鈦晶版珠青金石手鍊

回到新加坡後，又經過2個禮拜，令人驚奇的事又發生了！趕快上MSN跟Crystal報告好消息——「姐夫又中了獎，這次大約中了台幣12萬！」Crystal驚訝之餘問我要不要把這過程寫下來，好跟她的網友們分享，不擅長寫文章的我說好吧試試看，但事情多所以還擱著。

接著又過兩個禮拜，這次我帶著興奮卻又有點害羞的心情，再次上MSN跟Crystal說——

「不好意思耶，姐夫又中了約20萬台幣的獎券！連我自己都不能相信！」想像著台灣他們兩夫妻在電腦旁瞪大了的眼睛與驚訝的表情，只能說……，這是個真實的，水晶帶來好財運的故事！

Crystal的補充——

Joann姐是在表姐夫中了第二次獎之後才MSN告訴我這些神奇的事，先前第一次中獎她很低調並沒有告訴我們，後來又中了頭獎還真是讓我們傻眼！打算下次有機會去新加坡，或是表姐回國時要她好好請客才行！哈哈！

表姐與表姐夫兩人在新加坡白手起家，一起創業，看到生活雅鋪的水晶帶給他們這麼棒的好運道，真的很替他們開心喔！也希望水晶將幸福與吉祥帶給更多的朋友！

美夢成真的水晶人生　　　　文／Crystal

Crystal自己原來是學資訊的，畢業後在電腦軟體公司上過十幾年的班，從技術人員作到部門主管，當時初接觸晶石只是因為覺得它們很美，並不知道有什麼磁場能量？但說來也奇怪，我的生命似乎在遇見水晶之後起了很大的變化，初接觸水晶的那段時間之前，我才剛剛結束一段十年並論及婚嫁的感情，並且在工作上遇見了很大的瓶頸，不知道自己該

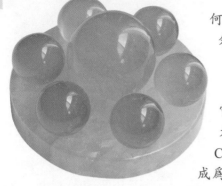

色澤粉嫩的粉晶七星

何去何從？不過那時已經開始慢慢蒐集晶石，尤其在與前男友分手後，我便在自己的臥室床頭櫃放了一盤粉晶七星陣。

很快的Crystal便遇見了我的真命天子——老公艾文（Ivan），也在艾文的支持下，離開了上班族的生涯，開始嘗試不同的工作領域，但想要自由必須付出代價，需要極大勇氣與毅力，因為馬上會面臨經濟上及社會上的壓力，Crystal辭掉工作時也曾非常掙扎，因為實在很不習慣就此成為「英英美代子」（閒閒沒代誌）的家庭主婦（沒有孩子嘛），有段時間剛好老公的工作也不順，所以我們那時收入很不穩定，又碰上投資錯誤，損失了好大一筆錢甚至還負債，曾經有一天我們發現全家找來找去只剩50幾塊錢，連想買兩個便當錢都不夠，只能兩個人合吃一個便當，夠慘的吧？

不過也因為想讓心能靜下來，Crystal也從那時開始慢慢學會運用天然晶石來靜坐冥想，並開始看很多中外書籍及上網蒐集資料研究晶石。

雖然當時經濟狀況不佳，但我記得那時我還是盡可能地收藏一些能力負擔得起的水晶，比如說一盤小小的綠幽靈晶柱，一顆聚寶盆（那時還是無殼蝸牛，所以Crystal還在聚寶盆裡放了小紙條許願寫說希望有自己的房子），及生平第一座小紫晶洞，並且將他們都放在我家的財位上。

瑪瑙聚寶盆

一年後，我們因為艾文在新竹科學園區有了新的工作機會，短短一個月內在老爸的慷慨贊助頭期款的情況下在新竹到處看房子，並買下我們生平第一間屋子（我家三姐弟都一樣，很公平的），真的如願擁有自己的第一個小窩！

然後我也很順利的在新竹找到工作，恢復兩年平

穩的上班族生活，後來又因為身體健康的緣故辭掉工作，因緣際會的在新竹環宇廣播電台FM96.7當上節目主持人，開始在節目中分享收藏水晶的經驗，在網路剛開始發燒的那時出了電子報，進而建立網站，應網友們的要求幫大家尋找美麗的天然水晶，最後竟然真的在新竹科學園區內開起一家主要介紹水晶的小店——生活雅鋪！而艾文也成立了屬於他自己的人力資源工作室，熱愛自由的兩人成了真正的Soho族！

近年有本叫《祕密》（The Secret）的書很暢銷，這本書主要是由許多來自不同環境背景的人，分別敘述自己人生中成功，或者是度過難關的親身體驗，他們共同的經驗就是——養成正面思考的習慣，即便遇見困難挫折，勇敢面對卻不擔心，常常心存感恩。這樣的思考與行為的習慣，讓他們不但克服困難並且完成了人生中美好的目標。最近更連續有台灣的大樂透得主透露，他們也因為採用了書中所寫的方式而達成心願，除了希望自己中獎外，還發願要捐出部份獎金來作公益。

Crystal一邊看書一邊回想，真的耶，從剛開始認識水晶，各種討論晶石的文章資料都告訴我觀想時要用正面的想法去想，想得越詳盡越真實越好，所以養成了我對想做的事情總是幾乎沒有懷疑的覺得自己一定可以做得到，並且在發想時不只想到滿足自己，也希望能回饋幫助更多人。而水晶的能量能幫助我們的念力發揮得更好更廣，也讓宇宙能更精確的接受到我們的訊息，進而幫助我們完成。這跟書上講的道理剛好符合。

五年前Crystal跟艾文換了一個窩，好讓收藏的晶石有個更寬敞舒服的地方安置，要搬家時，整理一些書房裡累積已久的舊資料，一張A4大小的塗鴉突然飄到眼前，原來是多年前還住在台北時參加過一個成長課程，課程中老師要我們畫下十年後對自己的期許與夢想，也就是俗稱的——夢想板。

看著那張夢想板我整個人愣住了，因為紙上畫了一間兩層樓有斜屋頂的房子，房子前的草地上躺著戴著太陽眼鏡的Crystal跟艾文，正悠哉的曬著太陽，旁邊有當時Crystal的寶貝狗狗Mickey跑來跑去的，太陽公公臉上還帶著微笑。那房子跟我的新家長得幾乎一模一樣，尖屋頂的房子前也有一小片草地，大小剛好夠我們躺著曬太陽，雖然現在我們大多只能坐在草地樹蔭下聊天，而Mickey已經上天堂當小天使了，但我心裡相信牠仍很開心的守護著我們，A4紙上畫的夢想竟然真的實現了！

　　從以前只能收藏小小的晶柱晶球，到現在有能力擁有一屋子大大小小的寶貝水晶，Crystal可真的是夢想成真呢！我現在生活的環境，每天的工作模式，身邊的伴侶與朋友，包括我的信仰在內，幾乎都與我曾經的心願不謀而合，與我原來每天打卡的上班族人生幾乎是180度的大轉變，而看到夢想版的那刻終於明瞭為什麼了──感謝老天爺那麼早就讓我因為晶石而接觸開啓這樣的概念，並且還傻傻地相信，乖乖去做了，這真是非常非常大的恩典，讓Crystal感動到不知道該如何回報？

　　我相信這是水晶的力量幫助我達成心願，很多事情只要「真正相信」便有力量，更何況天然水晶自然的儲存、擴大，傳遞訊息的功能更能幫助我們的念力倍增，我想渺小的我唯一能做到的，就是努力地寫，讓Crystal的介紹使更多朋友能深入悠遊天然晶石的魅力世界，分享它們的美好能量，進而好好運用在生活中，讓更多人跟Crystal一樣擁有美夢成真的水晶人生！

②. 晶石財富功能訊息

想成為搶錢一族需要哪些晶石呢？

綠色光的財富能量訊息：

在古今文獻與說法上，可招來正財 —— 指正當職業事業得來的財富的晶石 —— 通常都是指對應心輪，可發出綠色光的晶石。且因世界各國中的代表性國家 —— 美國的貨幣，美鈔是綠色的，所以有因此有一說法指綠色代表財富，而且與黃色光不同的是，綠色代表以正當工作及事業所帶來的財富，而非黃色光代表的橫財，因此在這重視個人能力與努力的時代，備受人們重視。

綠色光除了像是美鈔的顏色外，在藏傳佛教中，有好多尊主事業的佛菩薩 —— 如最具代表性的綠度母與不空成就佛，也都是綠色佛身，不得讓人好奇起綠色光與財富的奇妙聯結！綠色光最重要的正面能量就是會激發創造的潛能，也會影響我們自己對物質條件的觀點。因此當人遇見物質上的瓶頸障礙，也就是對經濟面上，事業上的恐懼不安全感時，綠色光通常能激發我們突破以上困頓的創作潛能，因而破除危機。

當我們在追求靈性成長的過程中，也會有一段時間在價值觀上對金錢與物質覺得有所牴觸，Crystal自己就曾產生過這種矛盾，但有關光的文獻上告訴我們 —— 財富與物質並不是生活中的負面事物，而是一種創造的表達。因此不要排拒不要害怕，綠色光其實也是我們身心靈成長的好伴侶，讓我們欣喜地接受並運用綠色光，發揮強大的綠色能量，轉化我們對週遭人事物的觀感，排除憂鬱焦慮，創造出喜悅快樂的頻率，如磁鐵般吸引更多人來到身邊，流暢融洽地溝通，創造出心靈與物質平衡的幸福感。

五台山廣仁寺內美麗莊嚴的綠度母像

綠色光與粉紅色光皆對應心輪，代表符號就是大衛星，剛好介於上三輪與下三輪之間，胸部中央。心輪為「第四輪」，第四輪平衡的人，特徵是憐憫心強、人道主義者、樂觀正面、喜歡看人的優點、友善、好交際、在團體中是活躍份子、感性。這樣的人格特質當然人緣好，而人脈就是錢脈，財運當然也會跟著旺嚕！

招正財的晶石

綠幽靈水晶（苔蘚水晶、庭園水晶）

綠幽靈水晶顧名思義包含綠色火山泥灰等內涵物，在通透的白水晶裡，浮現如雲霧、水草、漩渦，甚至金字塔等天然異象。

大家都說綠幽靈水晶是財神水晶，能帶來因正當事業所產生的財富，據說提出這個說法的其實不是「人」，而是「靈」。原來他是八〇年代美國流行一時的新紀元擁護者Larzaris，他的理論是——美鈔是綠色的，而水晶中的綠色金字塔，反映出宇宙機制，從無至有，在物質世界建立根基的原始力量，所以被喻為財富水晶的極品。

綠幽靈水晶簇原礦擺飾

綠髮晶

已有貓眼現象之綠髮晶圓珠手珠

綠髮晶裡的綠髮為綠色或深綠色針狀礦物質，大部分的綠髮晶髮絲內含物是陽起石（Actinolite），顧名思義據說對男性有威而剛的效用唷！另外部分綠髮晶之內涵物則為黑色或綠色電氣石，招來正財，使事業順利，激起鬥志，接受挑戰，加強加薪升官的機會，使待業中的人容易找到好工作。

綠碧璽（綠色電氣石）

綠色電氣石又名碧璽，並且是指高品質的綠色電氣石，綠顏色來自於鉻鎂的成分，但延伸至今很多人都直接稱電氣石為碧璽。據說與錢包、錢櫃放在一起，可增強財運。

與骨幹水晶共生之綠碧璽原礦

綠色東菱石手鐲

綠色東菱石

東菱石目前Crystal見過的有綠色及紅色的兩種，大多不透明，偶而部分有點半透明，硬度與水晶差不多，代表富足與美好，對希望創造美好將來的人們是不可或缺的好幫手，不僅招來正財而且也是賭客的幸運石！

綠色方解石

方解石一般主要成分是碳酸鈣，因雙折射率極高，透過無色透明的方解石（又稱冰洲石）看一條線，可以因折射變成兩條，所以有可使財富倍增的說法。

據說可使財富倍增的
黃色透明冰洲石球

綠玉

玉在中國一直以來都是長壽吉祥富貴的象徵，被廣泛運用到生活中的各個層面。可助人開心快樂，事業發展，財源廣進。

刻有猴採桃（好彩頭諧音）
的緬甸翠玉墜子

綠松石（土耳其石）

土耳其石手珠

波斯的綠松石由土耳其進入歐洲，所以又稱土耳其石。有從天藍色到綠色的變化，取決於礦石內含銅和鐵的含量比例。有招財作用，是公認的幸運石，遷新居時在屋子四個角落各放置一小塊土耳其石，可保居家平安，添丁旺財。尤其在新月初現時，用土耳其石觀想更可聚財！用來作爲禮物，受贈者同時也可收到財富、美麗與好人緣。

異象水晶

可愛樸拙的異象水晶，內裡有許多不同顏色的內含物，如綠色，紅色，紫色，白色等顏色的火山泥，除了招財的綠色內含物外，其它顏色內含物則各自對應不同的輪脈，因而讓人感情事業健康各方面都得意，是想一舉數得的人最佳選擇！

異象水晶晶柱

綠石榴石（葡萄石）

是石榴石的一種，因為內含釩等礦物質因而產生鮮麗的半透明綠色，黑色斑點則可能是含有磁鐵礦石的關係，很罕見！可使心情開朗，容易敞開心胸接納他人，也因而更能廣結善緣，和氣生財。

綠石榴石項鍊

孔雀石

孔雀石（Malachite）就是Copper Hydroxyl Carbonate，顏色從淺到深綠，像極了孔雀絢爛的尾巴。曾有文獻記載將孔雀石放在做生意的生銀台或放錢的抽屜內，可有使生意興隆，財源滾滾的力量。

有美麗天然紋路的孔雀石墜子

橄欖石

一般所謂的橄欖石大多指有著透明綠色，具有寶石特性的貴橄欖石。較頑固守舊，墨守陳規的人很適合佩帶，可讓人稍微有彈性與開放，進而增加許多創造財富的新契機。

綠色橄欖石耳環

黃色光的財富能量訊息：

明亮耀眼的金黃色第一個讓人聯想到的就是黃金了，古來也是宮廷喜用的吉祥顏色，所以看到黃色光總讓人覺得瑞氣千條、喜氣洋洋，大富大貴的感覺。不過以科學與現代的角度來看，對應太陽輪的金黃色光，可促進左腦的開發，會讓人情緒穩定，頭腦冷靜清晰，不為複雜外境所迷惑，非常清楚自我的目標並可理性邏輯的分析洞察，在最適合的時刻作出精準的決定。

在討論到光的特性相關書中也提到，金黃色光是轉化負面思想模式的能量，人類因為常對周遭事物以理性來思想，產生被負面能量圍繞的所謂理性體，進而創造出生活環境或是人生中一些痛苦虛妄的負面影像與遭遇。

象徵招財進寶的黃水晶彌勒佛像

而金黃色光卻能穿透這理性體的思想之波，將虛妄痛苦化解，將憤怒轉為祥和，厭煩轉為喜悅，經由心的轉化釋放掉負面的思想，由正面的能量取而代之，達成個人的目標與理想願望。這樣的特性對於常在股票，外匯或者期貨市場投資理財者，甚至賭客等投機者應該非常重要且受用吧？至少不會一時衝動自亂陣腳亂作決定，所以當然獲利也就大，失敗賠錢的機率相對減少，所以黃色光招偏財的道理其來有自，可也是很有邏輯絕非瞎掰的唷！

但在轉化清理的過程中，也有可能會產生沮喪，混亂甚至頭痛等的狀況，這時請多運用金黃色的晶石，將其握在左手觀想自己被金黃色光所籠罩，金黃色光的能量充滿你的身體與意識，便能讓這能量穿透負面的思想影像，減緩化解它們帶來的衝擊。

天然黃水晶柱

招偏財的晶石

黃水晶

晶瑩漂亮的天然黃水晶，像蜜糖水般甜滋滋的黃澄明淨，有明顯色帶分布，非常美麗，價錢通常也不低，最近市面上眞正天然黃水晶越來越少，也就更顯珍貴了。是招來偏財運，即非意料中的錢財的最經典晶石。

在印度被尊爲聖石的虎眼石

虎眼石

黃色帶著黑色的條紋，極像虎斑，有著線狀貓眼光澤，氣勢強大的天然虎眼石，非常漂亮！在印度被視爲最珍貴的寶石。如同虎眼般的活力能量，可使人更容易在事業上有所突破，懂得自律，化解壓力達成目標，過著幸福快樂的生活，也可提高注意力與集中力，保持頭腦的靈活，作出最有勝算的決定。

黃玉

黃玉有新舊之分，老黃玉因年代久遠，所以色澤多變，黃中帶有橘色的成分，很耐看！金黃色光招偏財外，還可帶給人活力與快樂。將黃玉做成吊墜掛在皮包或隨身攜帶，可以招來意外之財喔！

黃玉 108 顆念珠

一半蜜蠟一半琥珀的
千手觀音像

琥珀、蜜蠟

形成的原因是松樹的松脂流下至地面時凝聚成塊，經至少兩千萬年以上大自然的孕育結晶而成。琥珀酸含量多不透光者稱蜜蠟，含量少透光者稱琥珀，可安神定氣使人不冒失衝動，作出正確抉擇。

黃鐵礦

黃鐵礦黃澄澄的顏色及質感常讓人誤以為是黃金，因此有「愚人金」的別稱，是火成岩，沉基岩及變質岩中常見的一種副礦物。

有水晶共生的黃鐵礦球

幫你聚集財氣、開展事業的晶石

財富能量訊息：

想要聚集財富，除了能力也需要運氣，另外更需要過人的膽識與勇氣，對產業的熱情專業，冷靜清晰的頭腦及精準的投資眼光，願意承擔面對一切必要風險的勇氣，有些人還必須擁有過人的領導魅力，才能帶領公司或團隊組織克服萬難達成目標。因此光靠可招來正財的綠色光，招偏財的黃色光都還不夠，針對以上聚集財富必備的條件，以下晶石可以有些幫助。

鈦晶

含針狀或板狀礦物質鈦之髮絲，原本銀白色的鈦絲經氧化後呈閃亮的金色，是現今最珍貴的水晶，也是市場上價位最高的水晶。正財偏財都招，磁場特強！對常做決策的領導人物，佩帶鈦晶，並靠近太陽神經叢（肚臍以上，胸部以下部位），可幫助快速做正確決定，不猶豫不決，激發個人的雄心壯志、膽識、氣魄與格局，並踏實執行貫徹，成就大事業！

能量強大的鈦晶原礦

金髮晶

內含物為細細密密的金黃色髮絲，與鈦晶的粗扁狀鈦絲不同。髮絲多呈細圓柱狀，大多為針狀金紅石或網狀金紅石的成分，也可能是黃銅礦，顏色偏金黃。可使人增強膽識氣魄，改善優柔寡斷保守退縮的個性缺點，突破自我。

金色髮絲內含物細密的金髮晶原礦

銀髮晶

內含銀白色金紅石髮絲，產量不多，髮絲多細柔綿密。發出銀白色光的透明水晶可以激發出每個人屬於男性部分的陽剛力量，充滿衝勁與爆發力，銀色磁場亦可招財！

內含銀絲璀璨的銀髮晶葫蘆吊飾

059

黑白對比透亮的黑髮晶手鍊

黑髮晶

　　內含物為黑色針狀或髮狀物質，多數為黑色電氣石（黑碧璽Tourmaline）的成分，看起來很有酷酷的現代感！黑髮晶又稱為領袖石，為人主管者帶著可增加領袖魅力，讓部屬向心力加強，有助於事業。

紅髮晶

　　內含網狀金紅石，細密的髮絲柔柔纏繞，又稱紅兔毛水晶或針狀金紅石，難怪別名「維納斯水晶」，真像紅髮美女的髮絲呢！可幫助服務業及業務人員外圓內方，更有衝勁！

髮絲平行分佈的紅髮晶墜子

紋路特殊的捷克隕石墜子

捷克隕石

　　捷克隕石的主要成分來自高含量的矽，有時含極微量的水，偶而透過光線可看到其中有細小氣泡。與其他水晶一起佩帶可加強其他水晶的靈性，效果相乘，如與綠幽靈水晶搭配則對招財如虎添翼，是內行人才知道的稀有寶石。

捷克隕石與黃水晶搭配

　　智力上的清明，加強吸收、學習新知的能力，最能幫助考試、激起個人的雄心壯志，讓佩帶者積極、主動、進取！並配合捷克隕石的綠色能量——招正財，因此這樣的組合正、偏財都招，是搶錢一族的最佳拍檔！

捷克隕石與綠幽靈水晶搭配

　　讓人發財之外還是發財，還可吸引好機會極好運來臨，貴人相助！

斑彩石

　　斑彩石的原始來源是斑彩螺，是幾億至好幾千萬年前類似鸚鵡螺的海底生物所形成的化石，屬菊石科，根據網路上的記載，產地在南非的馬達加斯加島，但位於北美洲洛磯山脈的寶石礦，則是以其原礦的完整與色彩艷麗多姿最為人稱道。

色彩斑斕的斑彩螺化石

斑彩螺原礦的內裡雖已矽化，但能產生美麗七彩光澤紋路的卻只有表面那薄薄的一層如同真珠般質感的表面，所以也有人稱斑彩石為彩色的珍珠。在美加的印地安人部族，稱斑彩石是一種神石，在某個傳說故事裡，因為其可招來印地安人是為財富食物的水牛，又稱其水牛石。

各種造型上覆天然白水晶的斑彩石墜子

傳說中斑彩石的財富能量訊息：

紅色加橙色的組合是愛情與財富的交集，廣結人脈與錢脈，如果兼具黃色，綠色，紅色三色於一身的斑彩螺，則是標準發財石，對招財聚寶無往不利喔！

偏紅色的斑彩石墜子

綠色斑彩可開發智慧，改善運勢，有利事業開拓，以及記憶力與知識的開發，幫助恢復青春活力。

偏綠色的斑彩石墜子

藍色斑彩則與喉輪有關，可加強口才與溝通能力，但產量較少。螺旋狀的紋路像極了太極圈，也對應風水學中的「懷抱有情」，可愛的S螺狀紋路，則是渾然天成的宇宙圖騰，有扭轉乾坤，開運吉祥的意義，也是寶瓶時代的代表寶石之一。

偏藍紫色的斑彩石墜子

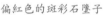

珠母貝

盛產於奧地利、菲律賓、墨西哥等地的珠母貝，有著漂亮的天然七彩光澤，自古貝殼都被人們用來作為貨幣，所以當然也是財富的象徵。完整美麗的珠母貝具有強大聚財磁場，尤其適合放在店舖中的收銀台，或公司會計部內。個人可與銀行存摺、房地契，或珠寶、首飾、現金等放在一起，可加速財富的聚集。

天然銀

Crystal個人很喜歡銀的質感與光澤，常讓人聯想到月光。沒錯，根據古今中外文獻的記載，銀的確是屬於月亮的金屬，尤其是彎彎如月牙般的新月般柔和文靜，舒緩人的緊張與壓力。金與銀都是財富的一種，因此有聚財的功用。

鑲有綠松石及珊瑚的老銀飾

天然金

講到財富當然不能漏掉黃金，金的光澤就像陽光，溫暖強大，可增加人的自信與魄力。金與水晶一起佩帶，有使人勇敢、激發智慧、促進發揮才能的功用。此外，還有聚財、富貴、助人成功的效果。

③ 晶石招財運用密法

給個人的水晶招財密法

逛街的時候，Crystal常常好奇的觀察，發現百分之八十的路人手上都帶有各種不同的手珠或手環，不然也在頸上帶條項鍊，材質不同，但玉跟水晶的比例很高。中國人果然很在乎幸運吉祥物的佩帶！因此，Crystal要在這裡跟大家介紹如何運用一些貼身的小飾物來達成吸引財富的目的。

無論我們戴何種形狀的水晶飾品，它對人體氣場的三大區域——乙太禁網、感情區及智慧區都會產生作用，我們佩帶的晶石飾物會形成一個通道，經由反射原理將能量由乙太禁網傳送到我們的身體內，所以當我們的某個輪位長期佩帶晶石的情況下，水晶便會長久刺激這個地區，開發這個輪位，能量便能暢通不息的由乙太禁網進入人體中。

找尋適合自己的水晶飾品或貼身幸運石有幾個原則，大家在選擇時可以參考一下。

① 先弄清楚自己的需求，比如是要求財或是求感情，對症下藥，提高效率。另外可以參考一些資訊，比方星座或八字五行等。

② 一旦了解自己的需要，就可以慢慢尋找了。

③ 佩帶晶石最好能讓晶石本身與皮膚直接接觸，接觸的面積越大越好，這樣磁場才能藉由水晶天然的震動，而與人體磁場共振，擴大效果。

④ 選個特別的日子去選購，心情愉悅寧靜時，臨時起意，選擇有感應的水晶。

⑤ 儘量選擇不易仿造的水晶，如髮晶、綠幽靈、紫水晶，有內含物、天然冰裂紋、雲霧及色帶變化的水晶。

一般來說，對應上三輪的晶石適合戴在胸部以上，比如說對應頂輪的白水晶，對應眉輪的紫晶或是對應喉輪的青金石，就可以項鍊墜子或耳環的型態戴在胸口頸上。如果不怕別人異樣的眼光，還可以做成頭環，將晶石掛在眉心中間。

對應喉輪的青金石大衛
星墜子，適合戴在胸前

至於適合下三輪的晶石，如對應海底輪的石榴石或煙晶，對應臍輪的紅兔毛水晶，以及對應太陽輪的黃水晶、黃玉等，就可以手鍊或腰鏈甚至腳鍊的方式來佩帶，接近需要加強的地方以發揮功效。

對應心輪的綠幽靈水晶或粉晶，則介於中間，戴項鍊或手珠都能有效運作。

對應心輪的綠幽靈水晶及粉晶，
胸前及手腕都可配戴

對應海底輪的石榴石手珠適合配戴於手腕

招財晶石飾品

耳環

佩帶晶石耳環的功用在於可以幫助人打開心扉，願意聆聽他人說話，由於接近眉論部位，也可以增強人的直覺能力。戴上紫水晶的耳環，可以幫助人在作有關錢財的決策時，有更精準的判斷與分析能力。

各式可愛紫晶耳環

項鍊墜子

人體以心輪為中心，劃分為充滿靈性的上三輪，及主宰生理和情慾的下三輪。在胸腔心輪部位戴上晶石墜飾，可以平均影響到我們上下三輪的輪位運作，達成平衡。

而心輪受到晶石墜子的激發，則會擴大對愛的能量施與受的能力，而能給的人才是真正富有的。在心輪部位戴上綠幽靈水晶或黃水晶，不但可以幫助招財，對心肺及胃腸功能皆有療效，並且可保護我們免受負面能量的干擾。

另外佩帶在喉嚨部位的短頸鏈，則可以幫助去除喉嚨部位的阻礙和疾病。不論是生理上喉嚨氣管的不舒服，或是心理上口吃等障礙，戴上由青金石或藍銅礦等藍色晶石，便可以激發喉輪，透過晶石的力量找到最適合的表達方式，表達順暢的話，尤其對業務人員等需要溝通的人來說，就是最重要的招財方法。

粉晶墜子可增加愛的力量

金煌燦爛的鈦晶手鐲

手鐲或手珠

帶在手腕上的水晶飾品大約分為手鐲及手珠兩種，手鐲用一大塊的晶石來挖鑿雕磨，費工費料，所以產量少而價格高，但非常漂亮。不過因為佩戴時容易因動作碰撞受損，要很小心才行！

以佛、道教為主要宗教的中國，戴手珠的習慣來自於佛教的念珠，念珠又稱作佛珠、數珠等，是人們在念佛時紀錄的工具。而念佛是修行佛道基本方法之一，招算著捻念珠誦經持咒念佛，就能生諸種功德，其最大的利益在於可讓人凝聚精神、方便修行。在中國民間即使非佛教徒也有配戴佛珠的習慣，因為非佛教徒亦多相信手戴佛珠可保平安。

念珠種類大致分成手珠、持珠及掛珠三大類。念珠也稱作佛珠、誦珠、咒珠、數珠等。這裡提及的手珠一般是戴在手腕上，亦可隨時拿在手上招捻念佛。念珠的顆數除了常見經書所戴的顆數外，亦有視其手腕粗細及珠子的大小而定。至於要用來念誦經咒用的念珠，Crystal於本書中另有「風水水晶」專文介紹，有興趣的朋友可以去參考看看喔。

手鐲及手珠跟戒指一樣有平衡左右身體能量的作用，並且因為手腕的脈搏與心臟連接在一起，所以長期佩帶手珠或手鐲便會增強心輪的開發，增加愛與被愛的包容力，佩帶在左手右手都可以，由自己的感覺來決定。

佩帶粉晶及綠色晶石類（綠髮晶，綠幽靈，東菱石等）手珠的效果最為明顯。鈦晶、黃水晶或琥珀的金黃色力量，也有招偏財的力量，可以搭配綠色捷克隕石墜子，以發揮加乘的力量。

刻有六字真言的
煙晶圓珠手珠

戒指（指環）

伸出你的手掌先端詳一下，如果伸手就很自然將五指張開的人，個性較開放直爽，但也比較容易敗家漏財；相反的，五指併攏的人，個性則較拘謹，容易守財，尤其是在手指併攏背光看時；手指間無縫隙的人更厲害，即屬小氣財神了。如果你不幸是敗家一族，請記得多戴一些戒指或指環，好將縫隙補住不要太敗家，而且據說小指戴指環能防小人。

嬌豔橘紅的火蛋白石以黑 K 金與
真鑽鑲成一朵綻放的花朵戒指

戒指的形狀可以增強晶石能量的放射。以一般左進右出的原理，尤其是慣用右手的人，左半身的力量會比右半身虛弱，所以將綠幽靈或鈦晶、黃水晶等招財水晶戒指戴在左手，便會在乙太禁網的能量場上平衡及補充身體左右兩邊的能量，對吸引財富會有一定的幫助。

腳鍊

腳部與下三輪的關係密切，戴著黑曜石、黑瑪瑙或煙晶的腳鍊可使人做事較腳踏實地。腳鍊主要是激發海底輪及臍輪、太陽輪，對生殖系統有療效！一個好高鶩遠的人是不可能發財的。一定要實際的努力執行才會抓住發財的機會。另外，海底輪不夠厚實的人，即使有了財富，也不見得能夠消受。特別要提醒的是如果要帶腳鍊最好兩腳都戴以免產生氣場不平衡的情況。

黑瑪瑙與白水晶組成的腳鍊，
對應海底輪

貼身幸運石

　　有些人不喜歡在身上戴東西，尤其是男士們，那麼另一種運用晶石的方式，就是隨身攜帶一顆幸運石。據說許多名人都喜歡這麼做，比如說前英國首相邱吉爾就隨身攜帶一顆捷克隕石作為幸運石，不時把玩。拿破崙也曾將一顆稀世藍寶石送給他的摯愛約瑟芬當作隨身幸運物，作為愛情的明證。

　　只要是原礦石，都適合作為幸運石，在身邊可以避邪化煞，防止負面能量干擾，還能避免巫術等陷害。至於招財的幸運石，當然就可以找會發出綠色光或黃色光的晶石，隨身帶在口袋或錢包中，有空就拿出來把玩，讓它多接觸你的身體，自然就能將能量反映在你身上了。

　　幸運石除了放在口袋內隨身攜帶外，也可以做成漂亮的掛飾。小一點的甚至可以變成手機鏈，不只美觀，據說還能幫助吸收輻射線，讓人體避免輻射的侵擾。大的則可掛在車上、包包上隨身攜帶，也可以仿效古代文人雅士掛在腰上。

　　其中吊飾的墜子常被刻成不同的形狀圖騰，取其吉祥招財的好兆頭。Crystal以下先介紹其中幾款，想有好運的朋友不妨找來帶在身邊，看看是不是真的會給自己帶來好運。

邱吉爾的幸運石 —— 捷克隕石

葫蘆

　　常在中國的民間故事或鄉土傳說裡看到的葫蘆，是眾家神仙重要的道具之一，原來葫蘆在術法中具有多重的意義。原先它只是一種植物的果實，挖空果肉曬乾後用來作為水、酒等液體的容器，後來就慢慢引申為具有收納、積蓄、聚財等的功效。在故事裡也常看到將葫蘆作為放置仙丹、靈藥的容器，因此也變成有治病、避邪、長壽、健康等的意思。傳說中，像濟公、八仙裡的許多仙人都配戴著葫蘆雲遊四海，所以也有逍遙自在、悠閒幸福的味道。西遊記裡的孫悟空，常用葫蘆來收妖除魔，將妖孽鬼怪收入葫蘆之中。

　　可以使用多種不同的材質來雕刻成葫蘆，以水晶來說，目前Crystal自己收集的就有黑曜石的、粉晶的、紫晶的、碎碟的等不同的葫蘆。除了該顏色所代表的意義外，配戴在不同的地方也有不同的意義。

可愛的大小粉晶葫蘆喜氣洋洋

使用水晶葫蘆的招財方法：

① 財運不好的人可將黑曜石葫蘆懸掛在腰間、褲頭上，運氣真的很差的話，可以將黑曜石葫蘆掛在胸前，並且儘量不要讓別人看到，可以有避開惡運，快速改善運氣的作用。

② 從事業務工作等需要與人接觸的朋友，可以多佩戴粉晶葫蘆，有促進人氣、廣結善緣的功效。

③ 想讓事業順利、廣招正財的朋友，應多佩戴配綠幽靈水晶、綠髮晶、東菱石等各種綠色寶石所做成的葫蘆，會有意想不到的效果。

龍

　　晶石雕刻中常見龍的圖騰造型，最常見的
有蟠聚龍身的蟠龍，祥龍與身體較短的螭龍，
造型很像卡通影片「花木蘭」裡的那隻愛哈拉
的木須龍。龍為高貴祥瑞之象徵，是從遠古時
候就一直為先民所敬重的聖獸。由於龍是降水
之獸，雲是水氣，故而「龍吟嘯、景雲出」，
再者，龍者陽中之陰蟲，與雲同類，有聚雲喚
雨之神力。從這些古代的記載可以顯示，中國
民間將龍視為傳奇的神獸。

閃著天然藍光的拉長石雙龍搶珠雕件

　　龍的形象集合了鹿角、牛頭、蟒身、魚鱗、鷹爪，口角旁有髯鬚，頷下有珠。
龍的造型圖案頗多，每一種造型圖案都有其活潑的神態，意義在象徵著龍是英勇、尊
貴、權威的象徵，也是神聖、吉祥的瑞物，不但能趨吉避凶，還有庇佑健康福壽的功
用喔！

龍龜

　　龍龜是一種十分吉祥的瑞獸，有化災消厄的作用。它的形貌是頭部像龍但軀體卻
是龜身的珍獸，並取其衣錦「榮歸」諧音的吉祥意義。

威猛精悍的黑曜岩龍龜

　　龍龜主要的作用在於化解口舌之爭，
使人際關係無往不利。有一些龍龜的殼背可
以掀開用來裝入一些茶葉米粒以加強其化災
的能力，不過要注意的是龍龜在風水上的利
用較為繁複，唯有放在三煞位或水氣重的地
方，它才能顯現出效果來喔！

這對黃水晶貔貅是
市面上較常看到的貔貅造型

貔貅

最近很夯的「貔貅」這兩個字的唸法是ㄆㄧˊㄒㄧㄡ，他的長相是頭上有隻角，身體抱著銅錢，貌似麒麟，但頭像是小龍，身軀沒有龍那麼長，一般來說都採伏坐的姿勢，有的造型比較胖，有的比較扁。

據說貔貅是龍王的九太子，牠的主食竟然是金銀珠寶，自然渾身寶氣，跟其他也是吉祥獸的三腳蟾蜍等比起來稱頭多了，因此很得玉皇大帝與龍王的寵愛，不過，吃多了總會拉肚子，所以有一天可能是因為忍不住而隨地便溺，惹玉皇大帝生氣了，一巴掌打下去，結果打到屁股，屁眼就被封了起來，從此，金銀珠寶只能進不能出，這個典故傳開來之後，貔貅就被視為招財進寶的祥獸了。

貔貅也有公母之分，民間傳說公的貔貅代表財運，而母的貔貅則代表財庫，有財要有庫才能守得住，因此收藏貔貅大多都一次收藏一對，才能夠真正的招財進寶。但如果要戴在身上，還是一隻就好，以免打架。以上均屬傳說，大家參考就好！

貔貅的習性懶懶地喜歡睡覺，每天最好拿把他拿起來摸一摸，玩一玩，好像要叫醒他一樣，財運就會跟著來。另一個貔貅的妙用是在案頭擺放貔貅飾物的話，可替妳趕走壞男人，避免不必要的騷擾喔。

造型特殊的黑曜岩貔貅

三腳蟾蜍

記得好多年前，曾經流行過手上戴個蟾蜍的戒指，幾乎人手一只，店家或公司櫃檯也常看到放置蟾蜍。這蟾蜍還一定是三隻腳的，到現在還能看得到，據說能招財。

咬錢粉晶三腳蟾蜍

可是到底為什麼三腳蟾蜍有這樣招財的能力呢？話說呂洞賓的弟子劉海蟾（名字裡也有個蟾字耶）是個道力高深的術士，有一次經過某地，聽說當地有一隻三腳金蟾蜍作怪，於是施展法術將蟾蜍降服了。這隻金蟾蜍有個很棒的本領，就是可以變出許多金元寶，正巧劉海蟾是位心地善良、喜歡佈施幫助窮人的大好人，於是就讓金蟾蜍跟隨著他，變出金元寶給貧窮人，改善他們的家境。後來這件事大家口耳相傳，三腳金蟾蜍變成了招財的象徵，爭相將它拿來當作招財的風水寶物，尤其是生意人更是對此傳說非常相信。如果想招財，就給自己找隻三腳蟾蜍吧，不管是金屬的、玉的、水晶的等不同的材質，據說都有效。

瑞獅

台灣俚語說──「飼獅，賺錢無人知」。可見瑞獅有招財進寶，尤其是進暗財的吉祥磁場喔，放在家中或辦公室裡，還能避邪化煞！

白白胖胖和闐白玉獅子正面

白白胖胖和闐白玉獅子背面

073

豬

　　圓滾滾的小胖豬有諸（豬）事吉祥
以及招來財富（古時豬的數量也是家中
財富的象徵）的意義，尤其生肖屬虎的
朋友家中可以多擺放喔！

諸（豬）事吉祥招財進寶黑曜岩雙豬

金魚

　　取其「金玉」滿堂的諧音，有招來富貴的吉祥意
義！水晶刻成胖胖的金魚，紅的地方紅艷艷的，嘴
巴嘟嘟的，尾巴的地方卻又晶瑩剔透，像極了真正
的金魚尾巴，像紗裙一樣搖曳生姿，可愛又生動！
最好放奇數個，可招滿偶數的意思。

靈巧可愛的紅兔毛水晶金魚

蟬

　　代表腰纏（蟬）萬貫的蟬，古時候都是富貴
人家子弟才能配戴在腰際，因此有使人發財的吉
祥意味，現代人除了掛在書包皮包公事包上，也
可以當手機吊飾。

有招正財能量的
綠髮晶科成小蟬墜子

白菜

　　台北故宮裡有棵人人爭睹，名聞國際的翠玉小白菜，
除了雕工精巧外，小白菜諧音「擺財」，因此晶石雕刻的
白菜不僅可以收藏還有吉祥如意的涵義呢！

刻工精細的粉晶白菜雕件

元寶

元寶狀似菱荽，是富貴的象徵，大家都很想要。元寶最大的作用就是「招財進寶，財源廣進」。如果將它放在家中財位，將會更加重得財的旺氣。隨身攜帶一個水晶元寶小吊飾，也有避邪趨吉、招財旺氣的作用。粉晶元寶可帶來人氣，綠色晶石類的元寶則可招來正財，使事業順利。黃水晶、髮晶等元寶則可讓偏財源源不絕。其他元寶也能避邪化煞，是很理想的隨身寶物！

剔透水晶中金絲密布
的金髮金元寶

如果能將這些吉祥旺財的水晶元寶以奇數個放在天然瑪瑙形成的聚寶盆中，據說奇數個因不像偶數個是「滿」的，所以放在家中財位上，更能擴大財富磁場能量，幫助招財聚寶來補「滿」財庫，讓財源滾滾而來，是旺財的妙招喔！

寶瓶

寶瓶形狀有「保平」安的幸運意義，口小肚大的寶瓶更是招財聚寶的象徵。

綠幽靈水晶雕成
的雙耳寶瓶墜子

白水晶事事（柿）
如意茶壺擺飾

茶壺

「壺」跟「福」是諧音，古人們喜歡身上戴支茶壺狀小飾品，就像帶了福氣出門，討個吉祥好彩頭！

④ 招財觀想法

按照基本功裡形容的方法準備冥想。想求財的冥想可以用以下幾種不同色光的冥想方式。

運用綠色晶石招來財富的觀想方法：

代表綠色光的晶石有：綠幽靈水晶、綠髮晶、綠碧璽、綠色方解石、綠色石髓、綠色東菱石、綠琉璃、孔雀石、土耳其石、綠橄欖石等，有任何與求財相關的事情進行之前，左手握住晶石，或者放置兩眉之間的第三眼部位，專心觀想綠色光充滿全身，以及事情進行順利圓滿的情況。

觀想約三至五分鐘的時間，晶石的力量就會回報你想像不到的美好成功。如果要求的事情茲事體大，不是三五分鐘就能完成的。那麼請你選好良辰吉時，按照Crystal在本書前段所教的觀想準備法，準備好適合的環境與心情，另外再準備一支綠色的蠟燭，或者一個綠色的燭臺，再不然準備一張綠色玻璃紙圍在普通燭臺或燈罩外面（注意不要被燒到了），或者是單色的聖誕燈泡（可以運用不同的顏色），總之能讓蠟燭發出來的光變成綠色的就可以了。

這樣可以喔

綠色玻璃紙
圍住蠟燭

或

綠色燈泡

綠色蠟燭火

綠色

將綠色晶石放置在蠟燭的外圍，如果有六支晶柱則可以自己及蠟燭為中心，擺成一個七星陣，不然還可準備四元素—火（蠟燭或燈）、土（晶石）、水（小碗水）、空氣或風（香或香精油），放在自己的前方，開始進行綠色光的觀想。

　　將自己的心願以過去完成式的方式及畫面來想像心願達成的狀況，尤其是當時的快樂心情與感動，以及想要回饋給社會國家的方式，並在結束觀想前列出自己為了要達成願望必須作的步驟與努力，之後真正的堅持並執行，就會讓你心想事成，美夢成真！

運用黃色晶石招來財富的觀想方法：

　　正財要發當然很好，但如果有偏財運也是不錯的。偏財觀想的光是黃色的光，像黃金般燦爛的光芒。求偏財可運用的晶石有黃水晶、黃玉、虎眼石、琥珀、鈦晶等。

　　另外也可以運用有招財效果的晶石或有機寶石，來作招財之觀想。比如說折射率極高的無色或黃色方解石，又稱冰洲石，傳說可以讓財富一變二，二變四，相乘加倍的增加，所以也可以用來觀想。同樣用左手握住晶石，或者放置兩眉之間的第三眼部位，專心觀想金黃色光充滿全身，以及事情進行順利圓滿的情況，或是在家中財位將冰洲石放在聚寶盆或紫晶洞裡，順便壓上幾張大鈔，也可以有加速進財的作用。因此很多人喜歡有方解石共生的紫晶洞，紫晶定財方解石招偏財一舉兩得，放在自家財位上，財運當然旺旺來。

　　還有美麗的七彩珠母貝也有招財的作用。古時候的貝殼就是錢，同樣也可握在右手用綠色光觀想，想像光線集中到珠母貝上，觀想結束後將珠母貝與錢包放在一起，或是放入金庫、財位中，也有聚集財富的力量。

⑤ 給居家的水晶招財密法

　　一般人不管從事任何行業，都希望能財運亨通，因此除了工作場所，在家庭中也有一些運用水晶的招財小祕方。Crystal在這兒就提供一些給大家參考。

樓梯

現在大樓很多都是幾戶共用一個電梯或樓梯,其實一出電梯或一上樓梯看到的景觀,就已經影響到居家的風水了。在大門外栽種闊葉植物,並綁上紅帶,可將喜氣自外迎進家門,或是稍加佈置,使景觀看來乾淨舒適,自然比胡亂擺放一堆鹹魚(鞋子)要好多了。若家宅東南角正好是樓梯或電梯,或者家門外正好是向下的樓梯,則可以在門外懸掛水晶球或是銅製風鈴,以收化煞解厄以及補強之效。

天然白水晶黑曜岩座七星陣

陽台

現在一般前陽台大家都會種點植物,或在陽台邊緣放鞋櫃,甚至打出去做成觀景窗。據說在陽台邊緣的地方擺放水晶,不僅美觀,並且還能招財喔!但僅限喜歡高溫日照的白水晶或黃水晶,紫晶及粉晶因日照過久會褪色,並不適合。晶石可以幫助植物們長得頭好壯壯唷!這方面的一些經驗與小故事,Crystal在本書「園藝水晶」單元裡有詳細的介紹喔。

陽台上常有人放鞋櫃,鞋櫃有時「鹹魚」放太久容易發臭,不妨可放些水晶碎石、黑曜石、方解石及乳白水晶等較低價的水晶,有除臭的效果。一般來說鞋櫃不要太大太高,以免擋住財神喜神的去路。高度約從地板到天花板高度的三分之一就可以了。若鞋櫃很高,超過三分之一高度以上的地方就不要放鞋子了,以免鞋子的穢氣影響到家宅運氣。而且鞋與邪同音,更不要隨便亂放,否則一地邪(鞋)物,可會壞了風水!不可不防。

如果將五個水晶小元寶搭配一個水晶大元寶，形成五路財神陣，將之放在整個住宅中最大的窗戶或窗台上，這麼一來可以將屋外的財氣吸進來，增強居宅財運，綠色晶石或黃色晶石所組成的七星陣也有同樣效果。

髮絲內含物細密到幾乎
不透光的綠髮晶元寶

玄關

居家附近若陰氣重，恐怕會有不乾淨的東西。可以擺放有明顯彩虹眼的黑曜石球在玄觀，這如同請了一位門神坐鎮般，不好的東西就不敢接近了！在玄關處擺放白晶簇可以避邪化煞，尤其當公寓大樓自家門口剛好正對電梯口時，剛好可化解所謂的「白虎煞」。另外，擺放闊葉植物也有同樣功效。擺放紫晶洞則有聚氣招來人氣的作用。這點Crystal就有親身體驗，有次剛好在玄關處放了幾座新的紫晶洞，那週的訪客突然增多，連遠方很久未謀面的朋友都忽然來電說要來玩，真的很有趣！

希望家中財源滾滾，可放置一座會滾動的晶球小水池（花市裡很多商家在賣）。Crystal家二樓露臺花園裡的這座，是自己從鶯歌買回來的大陶碗，放在原來用來蓋大醬油缸的大陶盤上，加上三峽老街上買來的枕木與竹子組成的流水，陶碗裡灑上黃水晶、粉晶、橄欖石及其他的小碎石，因為在室外，所以選了顆不怕曬太陽的綠幽靈水晶球在陶碗裡讓水流過它，如果晶球能轉最好，轉的方向要由外往內，財富才會滾進來喔！

綠幽靈水晶球
水流方向朝屋內滾.
碧石
各色晶石碎石
（如：粉晶，紫水晶，橄欖石等…）

當然買現成的流水組合會比Crystal自己這樣DIY方便，但DIY也挺有另一番樂趣的。據說有「石來運轉」的功效，「轉」得越快也會「賺」得越多唷！不過是不是真的會這樣大家冷暖自知，但看到晶球勻順地滾動，反射著亮晶晶的陽光，還有淙淙水聲，還有旁邊的植物綠意，感覺蠻賞心悅目，而且很有成就感呢。

客廳

客廳是一個家庭中很重要的地方，也應該是家人最常相聚的地方。在電視櫃頭部高度的地方擺放紫晶洞，能在看電視時同時讓紫晶產生對應作用，開發智慧，以免小朋友電視看久了，變成呆呆的電視兒童喔！

客廳中以家中主要經濟來源的人的八字為準，找出財位，在財位上擺放紫晶洞可定財聚氣。擺放綠幽靈七星陣，或是以五個晶球或晶柱圍繞四周，甚至做成圓滾滾的元寶狀最好！中間擺放一顆大晶柱或晶球，並在底部鋪上可招正財的綠橄欖石或黃水晶碎石的五路財神陣，都可招來正財，使工作順利。

值得一提的還有天然瑪瑙聚寶盆。聚寶盆是水晶的鎮宅三寶（白晶簇、紫晶洞及聚寶盆）之一，是一種天然的瑪瑙盒子，開採後像紫晶洞般一剖為二，呈現出最外層的表土，中間層的瑪瑙壁，以及最內層的細小水晶結構，閃閃亮亮的很漂亮！因為是大自然億萬年來的結晶，孕育了日月精華，所以其中富含內斂的能量，尤其能夠將財富已相乘加倍的速度增加，所以常有人將貴重珠寶、水晶、錢幣等放入其中，藉其強大的能量，讓財富一變二，二變四般成長！或者將想許的願寫在紙條上放入其中，聽說可以實現願望喔！

瑪瑙外壁光滑紋路斑爛內
有閃亮結晶的大型聚寶盆

　　Crystal曾有位朋友，某天買了個中型的聚寶盆回家，於是作了個小小的測驗—因為她自己很想有雙新鞋子，所以拿了張紙，寫上「我要有雙新鞋子」，放入聚寶盆中並合上蓋子，結果第二天她的姑姑打電話約她去逛街，她也沒講出自己的心願，結果姑姑居然主動買了兩雙新鞋送給她！可把她樂壞了，覺得真是太神奇了！

　　如果沒有天然聚寶盆的話，也可用磨成球狀的瑪瑙開口笑代替，再不然Crystal教大家一個密招，用一個口小肚大的甕或陶瓷瓶，放進九顆水晶球，連續換9天乾淨的水，之後就不用天天換了，每天回家口袋中有零錢就往裡丟，久而久之自然帶來財氣，順便也儲蓄了一筆錢。Crystal家也這麼做，後來我們夫妻倆的出國旅遊基金就是這樣存起來的。如果不丟錢進去，也可在甕中放入七八分滿乾淨的水，養一些如黃金葛等的闊葉植物，記得一定要綁上紅帶子，讓屬陰的植物轉化為陽，常保青翠茂盛，若有黃葉等現象要趕快摘掉，以免影響運氣。財位上也可放些其他吉祥物，但數量不要過多，最多約三樣就可以了。

　　客廳的四個角落放置紫晶洞也能形成氣場循環，平常時常觀想房子內充滿代表財富的綠光，讓屋子裡充滿旺盛的磁場，當然也要採光充足，空氣流通，這樣住屋子裡的人也會心情愉快，身體健康，好運旺旺來！

讓人一看就開心的
瑪瑙球開口笑

可穩定情緒與睡眠品質的紫晶球，適合放在臥室中

臥室

如果你是單身套房族或雅房族，那麼如何佈置臥室便非常重要。這時臥室便是一個小宇宙，同樣找出財位後，按客廳的財位佈置法佈置房間裡的財位。但有人較敏感，太強的磁場會影響睡眠，因此放置能幫助睡眠、穩定情緒感情的紫晶洞或紫晶球是最好的選擇了，一舉數得。

儘量避免在床頭放電器，尤其是床頭音響，浪漫歸浪漫，但電器產生的磁波對人體不好，也儘量避免擺放磁場太強大的髮晶七星陣等，以免影響睡眠品質。有些朋友也許八字較輕或氣較虛，常會有作惡夢甚至有鬼壓床的現象，可以在床頭擺放白晶柱，床尾地上擺放黑曜石球或煙晶柱等黑色寶石，形成上白下黑的自然氣場循環，也可以避去一些不乾淨的東西，並對身體有補氣幫助循環的作用。

書房

書房常是看書、充資訊的地方，需要集中注意力及記憶力，並且有清晰的頭腦，通常也是夫妻共同討論家中理財與經濟大計的地方。因此擺放可定財守財，並可安定情緒，加強記憶力與注意力的紫晶洞或紫晶球，以及讓頭腦清楚的黃水晶最為適合。

文房四寶的好搭擋 —— 紫水晶
筆洗，最適合放在書房案頭上

廚房

　　廚房跟財運也有很密切的關係，通常爐灶也代表財，因此若廚房的方位不對，或是爐灶的方向錯誤，都會影響到財運，此時可擺放白晶簇，黑曜岩或黑碧璽等晶石來化解。建議可以在廚房正確的旺位釘上支架，上置鈦晶，紫晶洞或綠幽靈七星陣，並同樣種上水生闊葉植物，綁上紅帶蝴蝶結，也有改運化煞招財的作用。

避邪化煞能量強大威猛的黑碧璽原礦

浴廁

　　我老家餐桌剛好對到浴室的門，而且書房跟進屋的大鋁門窗又有點穿堂煞，所以Crystal便去買了成色不錯的水晶碎石，做成兩面珠簾，一面掛浴室，一面掛書房門口。白水晶可以化煞，並隔開浴室的水氣及穢氣，又很美麗，一舉兩得，偶爾看著發呆還能做做一簾水晶夢。

　　廁所難免有點味道，在馬桶上放顆黑曜石或方解石等，可以去除臭氣還能避邪。尤其家中的好方位剛好被浴廁佔去的時候，在浴廁中放置黑曜石或白晶簇可以有補運化煞的作用，甚至還可以在浴廁中放置水養的黃金葛等耐陰的植物，綁上紅帶也可以活氣補運。

　　工作太多、壓力大時，也可以泡個水晶浴。將四顆水晶球放置於浴缸中，泡澡時一面放鬆、一面想像水裡充滿水晶的能量，將身體的疲勞穢氣全都洗乾淨，並將身體重新充電。加上安慰心靈的水晶音樂，也是很棒的SPA。

⑥ 辦公室內的晶石招財密法

運籌帷幄、宏圖大展，給負責人、主管們的招財密招

　　水晶的能量是無遠弗屆，無孔不入的。水晶真的可以運用在我們的生活中的很多地方！其中當然包括每天比伴侶相處還要久的工作場合，對上班族來講，那就是辦公室！

　　繼續來談談水晶在辦公室中的運用。一家公司行號要能宏圖大展、財運滾滾，這公司的負責人當然扮演著舉足輕重的角色。如果老闆自己都「帶衰」的話，怎能期望一這家公司要好到哪裡去呢？而負責決策的高階主管也很重要喔！運籌帷幄之際，若能有來自宇宙力量的支撐，公司營運就如虎添翼，一飛沖天了！

辦公室的選擇

　　選擇辦公大樓時，通常老闆們都會很重視，並大都會請專業的風水老師前來勘查一番。那是風水專業的領域，不在我們討論的範圍裡，但有幾個原則，如果有一天你也要當老闆了，以下這幾個基本原則一定要把握。

避免大路沖

　　我想大家都應該知道什麼是路沖吧！其實萬物都有股「氣」，如果辦公大樓面對著一條大路衝著你而來，久而久之這看不見的煞氣一定會造成一些不好的影響，因此應該避免。如果是小路沖的話，可以在大門上貼一個圓形的凸透鏡（汽車器材行就買得到），並在面對路沖的進門處放置大型白晶簇，以放射性的高能量將煞氣擋回。

避免在高架橋邊

　　高架橋也是因為長年會有車輛行駛，且形狀像攔腰的一把刀，產生的煞氣也頗銳利，需要提防。可以在對著高架橋同樣高度的建築外牆掛上凸透鏡，並在面向高架橋的窗上掛上用五彩繩網綁住的白晶球，也有化煞的作用。

避免在大型電塔及變電所旁邊

　　大家都知道過高的電磁波對人體有害，同樣也會造成對整個辦公室氣場的負面影響。因此建議在對著變電箱或電塔的房間牆面旁，放置大型（至少三十公斤以上）的紫晶洞以正面的能量避免電磁波負面能量的干擾。

大型紫晶洞有強大的正面能量
含有髮狀鈦金絲狀內含物的紫
晶洞招財能量更強大

老闆應該在背後運籌帷幄

　　辦公室的位置應選在整層辦公大樓最尊貴的地方，讓其沉穩，腦筋清楚。而將旺位吉位分配給業務部門，讓業務人員衝勁十足，在最前線衝鋒陷陣。

　　財位則應歸屬財物部門，掌管全公司民生大計。Crystal曾見過公司最高負責人坐到業務部門的位置，結果自己一頭熱，凡事搶在前面喊衝，業務部門人員卻一個個死氣沉沉、懶懶散散，讓老闆大嘆拖不動，最後公司只靠老闆獨撐，真是情何以堪。

當辦公室是我們工作賺錢養家糊口的地方，氣最好是充滿活力的、動態的。所以可將水晶放在一些特定的地方，如公司的吉位或旺位，尤其主掌公司錢財的財務部門，最好位於財位，財位可擺上大型紫晶洞，有聚氣定財的效果，加上以水養的植物（葉片務必選又大又圓肉又厚的），以紅色彩帶打上蝴蝶結化陰氣為陽氣。

另外找一個天然水晶聚寶盆，外為瑪瑙盒狀，內為水晶結晶，取其內蘊的能量，藉此將財氣吸納進來。如找不到天然水晶聚寶盆，可以以陶瓷製口小肚大的甕狀容器，內放九顆水晶球，最好是招財的黃水晶或綠幽靈水晶，並不定期將一些錢幣、紙幣等丟入，取運用水晶擴大訊息的特殊作用，取招財進寶的吉祥意思。藉此力量讓公司大發利市，財源滾滾！

可放置公司財庫位的大型瑪瑙聚寶盆

辦公桌位的選擇

辦公桌最好位於角位

辦公桌最好背後及一邊有牆，不然至少背後一定要有牆，表示有「靠」的意思。這樣才不會坐吃山空，沒有靠山。在辦公椅後方的牆面上最好還能配合生辰八字，放上適合的字畫，有畫龍點睛的效果。尤其放上一座或一對紫晶洞，紫晶洞代表「山」，就讓老闆坐得更穩如泰山了。真的不知道要放什麼的話，最簡單就是放張世界地圖吧。有整個地球讓你靠，多棒啊！

　　如果不得已背後一定有窗，又不想勞師動眾把它封起來，這樣一來好不容易聚來的財氣運氣很容易跑掉了，很可惜。應該在窗上掛上不透光的厚窗簾，顏色最好請教高人指點，然後在背後擺上差不多腰部高度的矮櫃，放置一座或一對紫晶洞，甚至加上一組綠幽靈水晶七星陣，以聚事業之正財，便可稍加化解。

　　沒有紫晶洞的話，用晶球代替也可以。如果能有三個，可在背後放一個，辦公桌上左右兩方各放一個成三角形。如果只有一個晶球，可配合左方右圓防小人的佈置，辦公桌上左邊放晶柱（如綠幽靈、鈦晶柱、黃水晶柱等招財的晶柱），右邊放晶球（如紫晶、粉晶可招來人氣、生意緣）。

若只有一個晶球
可搭配左方右圓

位於辦公室裡視野最好的位置

　　辦公桌的視野要是整間辦公室裡視野最好的位置。視野裡可以看到門，但千萬不要對著門（也就是風水學裡說的「氣口」），會形成門沖。如果避免不了，則可在對著門處放一座紫晶洞，有化煞的作用。坐椅更不要背對著門，因為氣口代表財，背著就被著財，讓財背你而去，恐怕是任何人都不想發生的事。

搬動時要挑好日子

　　搬動辦公桌或辦公室時，最好翻一下農民曆，找到適合「遷移」或「遷徙」的好日子。畢竟事關事業大計，不可不重視喔！

留有黑色根部的鈦晶版珠手珠，巧妙的排列讓鈦晶絲如花朵綻放

　　負責人與主管們通常需要大格局大氣魄，才能幫企業掌握先機，規劃藍圖。但有些人天生個性比較容易考慮太多，猶豫不決，所以建議有這樣情況的人可以貼身戴一塊所謂的幸運石。據說英國首相邱吉爾，當年就隨身帶著一塊捷克隕石墜為他的幸運石，當他為英國作重要決策時，常一邊把玩著捷克隕石，讓捷克隕石的特殊磁場幫助他作出攸關全英國，甚至全世界安危的決定。

　　除了有招財綠色光的捷克隕石、綠幽靈外，還有含著金黃鈦晶絲的鈦晶（黃金髮晶），也能幫助人有膽識魄力，突破小格局，果敢作出判斷。不論貼身攜帶或是將晶石作成墜子、手珠戴在身上，或者作成蟬狀吊飾掛在腰間，像古代王親貴族般，取腰「蟬（纏）」萬貫的好彩頭，都能發揮金黃色的招財能力，以及髮晶超出一般水晶的強烈磁場。

　　當然這能量跟晶石的體積大小成正比，因此如果看到你家老闆戴著很大顆的晶石項鍊，或是像龍眼那般大顆的手珠，即使有點俗氣，也不要偷笑人家，也許那正是公司可以繼續經營，你可以保住飯碗的關鍵。不過當老闆的也不能光靠水晶的能量就想撐住公司，努力還是很重要的。

含銅的紅銅鈦晶圓珠手珠，髮絲細密整齊已有貓眼線

另外有些主管會碰到自己的命令屬下不能貫徹執行，或者是敷衍了事的情況，要避免這樣的情況，主管可以在自己坐位的右後方（注意不是正後方也不是右方，這可是有學問的），擺放一塊大型的白水晶簇，加強主管的氣勢，屬下比較容易信服你。

⑦ 讓你成為公司裡的「紅人」

給一般上班族的招財密招

先前在寫如何讓企業負責人或高階主管鴻圖大展時，曾提過在辦公桌上擺放左方右圓的晶石，可幫助我們防小人，並且讓個性便得外圓內方，處事待人較為圓融。所謂左方右圓是指坐在椅子上，面對辦公桌的方向，桌面左方擺放晶柱，最好是綠幽晶柱或黃晶晶柱，因為可以招財，不然紫晶柱也可以，有定財作用，錢財不易溜走！桌面右方則放置晶球，若晶柱已是綠幽靈，晶球可選擇粉晶或紫晶，可讓你擴大人緣，有親和力，對內對外都深得人心，外圓內方之下業務當然愈做愈好！

晶柱、晶球的大小材質要平衡，避免　一大一小，除了磁場不對稱外，看起來也怪怪的！而且不要放得太邊邊，掉下來摔壞了可是很心疼的。如果怕被同事認為你太招搖，引來巫婆或巫師的外號，也可以將晶柱改為精神堡壘狀、金字塔狀的，看來像是一種精緻的擺飾或文鎮，就可以避嫌了。順便可以用一些水晶碎石在辦公桌上，用水養一些黃金葛、開運竹等植物，不僅一片綠意讓人賞心悅目，產生陰離子有益健康外，還有水帶財的吉祥意義。

圖

粉晶
黃水晶
粉晶晶柱…等

左

綠幽靈水晶
黃水晶
鈦晶…等

Computer

黑碧璽
黑曜石
煙晶…等

在晶柱石晶球大小要量工場

　　還有，Crystal曾在前面文章中提到，辦公桌最好後有牆壁，風水上來說叫做「有靠」，就是有靠山的意思。免得遇到麻煩孤立無援，同事主管躲得遠遠的，沒人理你，很可憐的！最近的辦公室OA家具流行個人空間，通常都有矮矮的隔間牆，但若沒有怎麼辦呢？ 一樣可以可以用一座紫晶洞來代替。若是主管，可以放一對紫晶洞在椅子後，既有氣派，更有靠山喔！也許很快就變成老闆眼前的當紅炸子雞。

　　另外同事之間的相處更有學問，萬一常有無聊同事常來八卦一番，甚至前來哭訴冤屈，或者借錢等等，也可以在抽屜內準備一塊藍色青金石或是天青石，她一面說，你一面把玩，就會讓你頭腦清醒，不被言語困惑，正確判斷，不易被人利用。

　　辦公室裡人多嘴雜，難免無意間有一些閒言閒語讓人心煩。這時可以在辦公桌下，也就是踏腳的地方，放置黑曜石或煙晶、骨幹水晶等黑色系列的晶石，將濁氣往下傳導。桌上則可多放一些顏色輕柔美麗的水晶，如芙蓉晶、橘色方解石、紫晶、螢石、藍琉璃等，形成上清下濁的氣場循環，就比較不會有些討厭的流言騷擾了。腳下的黑色系列晶石還能讓人做起事來能腳踏實地，不會眼高手低，不切實際。

漂亮寶藍色青金石原礦

　　在辦公室心情不好嗎？可以運用捷克隕石、粉晶、綠幽靈、東菱石、紫鋰輝石等貼近心輪，閉目作個兩三分鐘的觀想，將不好的情緒釋放，恢復情緒的平衡。有人說EQ高的人就是成功機率高的人，女性上班族特別注意，隨身或在辦公桌上放著螢石，可以避免性騷擾，讓你有效保護自己。

找到適合你職業的晶石

工作性質：資訊業、設計、企劃、法律、會計財務。
適用水晶：黃水晶、虎眼石、黃金髮晶、煙晶。
適用原因：幫助人更理智、有耐心、更細心、更有效率、開發智慧。

工作性質：總務、人事。
適用水晶：紅瑪瑙、紅玉髓、粉晶、紫晶。
適用原因：幫助有人緣、容易讓人接近、善體人意、可帶領人心、穩定情緒。

工作性質：幕僚、R&D、參謀。
適用水晶：紫晶、藍琉璃、青金石、土耳其石。
適用原因：使人頭腦清醒、思想敏捷、見地中肯。

工作性質：業務行銷。
適用水晶：紅髮晶、粉晶、紫晶。
適用原因：使人外圓內方、柔中帶勁、擴展加強人際關係。

工作性質：服務業。
適用水晶：粉晶、石榴石、紅寶石、紫晶。
適用原因：加強親和力、有生意緣、笑容可掬、有耐心。

工作性質：企業負責人、主管。
適用水晶：黃金髮晶、黑髮晶、煙晶、綠幽靈水晶。
適用原因：做大事業的氣魄、領導能力、做事沉穩實在、財源滾滾。

　　其實這跟色彩學都有關係，很有科學根據，大家不妨試試看在辦公室或身上戴一些適合你職務的水晶，相信一定會有所幫助的。

⑧ 一般店家的晶石招財密法

人和財旺、大發利市，給店老闆的招財密招

　　想要店舖門庭若市、財源滾滾，除了要注意店舖外在環境的風水、位置等，當然也要注意店內的格局擺設。店舖的外觀跟辦公室一樣，要注意避免一些沖煞的地方外，更要注意所謂的水路，也就是馬路的方向與車輛經過的狀況。因為馬路就等於古代的水路，水路是帶來客人的來源，當然也就是帶財的財源，對店舖來說攸關生存大計，當然要特別留心。

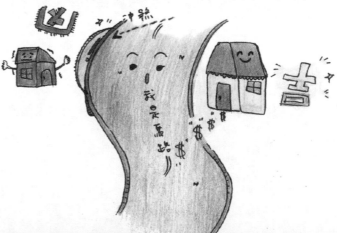

選擇店舖位置時，如果外在有以下特徵，應該會是個聚氣旺財的好地方。

(1) 在店舖內朝門外看，左手邊（青龍）有馬路，或有十字路口時，是吉利的，反之則不好。

(2) 店舖門前剛好有水池或大樓的觀景瀑布是吉利的，尤其當水是往自己店舖流更好。另外有消防隊水栓也屬吉，水帶財。

(3) 店舖前剛好劃有斑馬線或設有安全島是吉利的，專給行人走的，當然人氣旺。

(4) 店舖前有塊空地，風水上稱有明堂。明堂寬敞，事業自然順利。

(5) 店舖前有彎彎的馬路，店舖在凸出的半圓裡面，是吉相。反過來在凹進去的半圓裡則不吉。

再來談談店舖內部，整間店舖最好方正完整，不要有缺角，太淺太深或太寬太窄都不好，比例平均。屋內不要有什麼樑柱，門口大小適中，讓人感覺舒適很重要。不然客人來了就想走，生意做不成，自然也就賺不到錢了。屋內有缺角可在該處放置紫晶洞來補強。樑柱則可掛晶球或銅製風鈴來化解。另外屋相也不要前寬後窄，最好前窄後寬，才存得了財。Crystal就觀察過我家附近一家店面的發展史，因為店面在裝修時就發現它是前面很寬的店面，但後面居然成一個尖角，也就是整個店面的平面成一個三角形。

第一次租這個店面的是一家通訊器材公司，專賣行動電話等高科技配備，但約半年就收了，再大的偶像海報人型立牌都救不了它。接手的是一家珍珠奶茶店，那家店旁邊也賣蠻多吃的，生意不差，可是很奇怪的是我每次經過那家店，都看見店面空空的沒客人，店員小姐百無聊賴的拿著蒼蠅拍打蒼蠅，不知道還能撐多久。我很替它擔心，真想搬座大紫晶洞放到他們房子最後面的角落，幫忙化解一下……不過如果反過來，不將門開在三角形的三邊，而是開在三角形的三個角上，則會變成前窄厚寬的吉宅。

　　店鋪在擺設的部分也有很多要注意的地方，只要抓住這些大原則，擁有一家人氣旺旺、財源滾滾的店鋪應該不難。

①　櫃檯或主人位的擺設一定要擺在旺位或財位。一般來說最好是在青龍位，站在店內向著門外的左邊。主人位是最尊貴的了，講究一點的要配合老闆的生辰八字來設定。一般的話，店中的西北位應該就是最尊貴的位置了。老闆的辦公桌可以設在這兒，座位背後最好就是牆面，才有靠山。桌上可擺左方右圓，左邊放招財的綠幽靈或鈦晶七星陣，右邊放招來人氣生意緣的粉晶或紫晶晶球，形成圓融的氣場，自然和氣生財，宏圖大展。

②　櫃檯也一樣擺於旺位或財位，後面一定是不動方，也就是牆面。避諱後面是玻璃窗，容易洩掉財氣。因為是收錢的地方，當然希望招財進寶，日進斗金，所以放上可招來人氣的大顆粉晶球或紫晶洞，或者又名財源滾滾的晶球噴泉，讓乾淨的活水源源流動，帶動活潑的氣場，客人自然活絡。但要注意球滾的方向及水流的方向，一定要向內。

　　當然可以種植一些水養的萬年青或黃金葛植物，綁上紅色繩線，既美觀又吉祥。也可以放上一些諸如彌勒佛、財神、招財貓等吉祥物，甚至放置聚寶盆，更是如虎添翼、錦上添花唷。

　　特別提醒大家，櫃檯內千萬不可擺放電器等雜物，甚至不可烹煮東西，即使是咖啡壺等小家電，也不可使用，否則容易有口舌之災以及其他災難。也有人在櫃臺放置魚缸，雖說也有活氣的作用，但要特別注意魚兒的健康及水質的清潔。魚兒若生病死亡、水質骯髒混濁的話，反而形成濁氣晦氣，比沒放還慘。不如在財位上放座大紫晶洞，平常噴噴礦泉水就好了，既好保養效果又好。大型的綠幽靈七星陣及水晶五路財神陣的效果也很好。

③ 可在收銀台或櫃檯內放置可招財的各種晶石，如可招正財的綠色晶石（綠幽靈水晶、綠髮晶、綠東菱石、綠橄欖石等）、可招偏財的黃色晶石（如黃水晶、黃玉、琥珀、虎眼石、冰洲石等）、正偏財都招的鈦晶，或其他可招財的吉祥物（珠母貝等），跟鈔票一起放效果加倍。

琥珀元寶，貔貅，蘋果（代表平安與開花結果）的招財雕件組成吉祥吊飾

④ 門外可是情況種植一排如發財樹、黃金葛等植物，繫上紅帶子以接引財氣進門。

⑤ 水晶因對聲波及畫面特別有記憶的作用，所以店中可常播放輕快悅耳的音樂，讓聲音使氣更活絡，也能啟動水晶產生更大更好的共振，讓整個店充滿活潑的朝氣，吸引客人上門！

⑥ 店主若有不錯的收入，應該多作善事，回饋社會，幫助他人，如此形成良性循環與平衡，天地自然更願意相助。切莫貪心，只求私利。

⑨ 業績攀升，財源滾滾

給店員的水晶招財密招

除了老闆認真外，員工盡心盡力、努力打拼也是很重要的。以下幾點提供給做人家店員的人。

① 身上佩帶招人緣、人氣的粉晶或紫晶，讓你人氣旺旺，培養許多主顧客群，鞏固業績根源，八面玲瓏，和氣生財。

紅髮晶加上鈦晶 925 純銀鑲成的手環，拼業務所向無敵

② 也可佩帶紅髮晶或紅玉髓，會使人外圓內方，打拼業績有衝勁，與人相處圓融和諧，讓老闆重用。

③ 店員有時需長時間站立，對脊椎骨盤造成壓力，腳也易酸痛腫脹。建議可佩帶石榴石或紅玉髓腰鍊，加強下盤氣血循環，兩腳踝處也可戴上黑曜石腳鍊，幫助腳底濁氣排出，吸收負面能量，使人不易疲倦。

④ 常見百貨公司或店裡結帳用的計算機或算盤貼著五十圓銅板，想來是有招財進寶討吉利之用，有「吾拾圓（錢）」的意思。其實可貼上綠幽靈水晶或綠東菱石等綠色招財寶石，可增加生意成交機率，效果應該不錯。

愛情水晶

① 引言 —— 愛情的另類邱比特 —— 晶石真實故事分享

　　現代社會競爭非常激烈，不只表現在工作上，連感情的戰場也是激烈廝殺，你爭我奪，如何在這混亂的局勢中真正覓得良人，除了被動的等待，積極的為自己的幸福努力，似乎是更有效率的做法！

　　常常有很多人都感嘆：「為什麼我的條件那麼好，可是到現在還找不到對象？」Crystal身邊也有很多不管外貌、內涵、經濟各方面條件都很好的朋友，可是到現在都仍形單影隻，無人相伴。其實有沒有桃花跟有沒有子女一樣，跟條件無關，而是跟前世今生的因果業障有關，有沒有人要來討感情債或還感情債，就關係到你會不會有桃花。

　　所以大家夢寐以求的愛情，其實仔細想想並沒有那麼偉大與美好，再說下去大家可能都不想談戀愛了，哈哈！但情關難過，自古至今，大家明知愛情像大海一樣神祕美麗又具有毀滅性，卻還是前仆後繼的往感情的漩渦裡衝，我想自然有他的道理在吧？也許真的經歷過愛情，人們才會覺得生命是完整的。

　　甜蜜的戀情需要可愛的愛神邱比特來牽紅線成就美滿姻緣，而在晶石家族中，粉晶、紫晶、菱錳礦等水晶可幫助人覓得理想對象，並促使愛情開花結果，放在臥房中可促進夫妻感情，但要仒時淨化，以免疲倦，材質亦影響對象之品質，需特別注意。成色愈好的粉晶，吸引來的對象素質愈好，這可是Crystal的單身好友們，實際累積而來的經驗談喔！先來分享幾個發生在Crystal身邊的親朋好友及網友身上與晶石有關的奇妙愛情故事給大家聽。

故事一

玲是Crystal的姊妹死黨之一,她曾經認識一個男孩子,出去約會過好幾次,可以感覺到彼此印象都不錯,但後來可能是男孩子工作上剛好開始忙起來,經過幾次電話問候後就漸漸失去聯絡了,玲也因為矜持,即使她心中一直掛念著這個人,可是也沒再做任何動作。

後來不知情的Crystal在玲生日那天送了她一盤粉晶七星陣,祝福她早日找到理想對象,當天她也很聽話的拿回家後淨化好,擺放在自己房間的床頭櫃上。

可愛的迷你粉晶七
星陣與粉晶盤

第二天晚上,Crystal接到玲的電話,電話另一端的她掩不住喜悅,告訴我那個男孩子居然在相隔半年沒有任何聯絡的情況下,那天下午忽然打電話給她,除了說明自己的工作情況,並為一直未與她聯絡道歉外,還約她出去吃飯看電影,她嚇了一大跳,趕緊跟我「報告」,分享她的喜悅!

Crystal也好替她高興!這也未免太巧了吧!那是我第一次那麼明確的感受到粉晶七星陣的威力,聽說他們後來一直都在穩定交往中,Crystal真心的祝福他們,希望早日喝到喜酒。

故事二

蓉與他老公的故事一直是我們朋友間的一個傳奇,因為他們相親三週後就決定結婚了,而且幾個月後就有喜。蓉懷了他們的第一個孩子,第二年生第二個,現在一子一女,剛剛好一百分!

別以為這樣子很平常,蓉從小身體就不好,結婚前她動過兩次大手術。體貼的她一向不肯多說,怕我們替她擔心,只知道跟癌症有關。Crystal是在一個心靈成長活動

中認識她，我剛好被指派帶領蓉在內幾個女孩組成的Team，那時蓉剛結束一段長達十三年的感情，受傷的心一直難以接受另一個開始，剛好當天晚上她的一位好友大力推薦一個男孩子，要她去見個面聊聊，但她一直天人交戰，掙扎著不肯跨出這一步。

後來她私下跟Crystal聊天時說出了她的狀況，Crystal又發揮自己雞婆的本性，花了一個多小時苦口婆心的勸她，終於那天晚上她鼓起勇氣赴約，認識了現在的老公。

雖然這門婚事Crystal勸說有功，但最大的功臣卻是粉晶！原來蓉老公在與她見面前，無意中買了一顆大粉晶球放在自己房間，見面後送給蓉的第一樣禮物就是一盤粉晶七星陣，放在她的房間，如此一來，兩人的粉晶發揮了最大的感情催化效果，於是我們在三週後就聽到了他們的喜訊，沒多久就陸續喝到喜酒與滿月酒。到現在他們的小朋友應該都上國中了，粉晶的神奇魔力，可是夠勁爆吧！

故事三

Crystal先生艾文的大妹一直雲英未嫁，關於感情的事她一向不太主動積極。從事翻譯英文小說的她眼光很高，雖然談過戀愛但後來傾向獨身主義，讓Crystal的公婆有點擔心。

有次她生日，二嫂Crystal雞婆的送她一盤粉晶七星陣，她隨手就放在在家工作的書桌案頭上相伴，結果半年後便在一次朋友的喜宴上碰見明。從事專業攝影的明，常常跑遍世界各地，雲遊四海，看多了美女，所以向來也極挑剔。那天看見我家大妹一時驚為天人，馬上展開熱烈追求，經過一段日子的密集情書及電話攻勢（那時兩人相隔台北、楊梅兩地），打動芳心，順利結成連理，現在我跟艾文的小外甥都已經唸小六了喔。

故事四

以下是三封網友的來信，其實這幾年來Crystal收到許多類似的信件，都是因為水晶的幫助而結成的良緣，這兩封算是最早期的了，放上來作代表囉。

我下個月要結婚了！　　　文／網友賢

Hi crystal 姐：

我是賢，我下個月要結婚了！^_^y
感謝妳的粉晶盤，這下又多了個見證！^_^
下個月的第二週的星期六（3/10）中午，我們將舉行婚禮……

我家的粉晶七星陣以經被下個未婚人士預約了！
###（就是那鍋「扮狼」啦！）
希望你來給我們祝福，也順便沾染我們的喜悅！

故事五

我的粉晶七星盤　　　文／網友Nancy

跟男友交往四年，過程雖然不至驚天動地，卻也稱的上盪氣迴腸，箇中甘苦，很難盡述，當我跟Crystal購買粉晶七星陣時，我們的關係正處於最低潮，那陣子他的脾氣超差，兩人動不動就吵，覺得自己就是無法定下心來全心對他，甚至想和他分手。記得Crystal說過，粉晶可以擋掉不好的姻緣，

常懷疑他到底是不是我的真命天子……

後來我就常對粉晶淨化、觀想，想著自己將來結婚後幸福的樣子，果然善意的對待，回報的果實是甜美的，3個多月後，他就來我家提親了……明年的3月底，我要嫁人啦！
^_^

當然囉，唉……人嘛！有了愛情就想要財運、要健康，所以我水晶收藏除了粉晶又多了紫晶洞、黃水晶……呵呵！愈來愈貪心，可是心情很是愉快，我把他們當成有生命般的照顧著，朋友看到我的粉晶都說看起來很有靈性喔，感覺就是特別的漂亮，雖然被我不小心摔過好幾次，有些小裂縫，但我依然珍愛如昔，水晶的力量真是妙不可言，你怎對待它們，它們就怎麼對待你！

故事六

遲來的幸福——神奇粉晶手鍊　　　文／小惠

「晶石與我」徵文活動優秀作品分享　活動時間2006年4月

　　我有個同事一直以為她是個幸福的女人，因為她臉上總是充滿笑容，可是有一天她告訴我她離婚了，我很訝異，便問她為什麼，她只輕描淡寫的說：「我23歲嫁給他，32歲和他離婚，九年婚姻就這麼結束，我人生最精華的部分都給了他。」聽她這麼說心裡很難過，雖不曾經歷卻感同身受，從此便不再問她，因不想讓她再憶及傷心往事。在幾次的閒聊中，隱隱約約感覺得出她的憂與愁，也為她的強言歡笑感到不捨，或許她想隱藏失婚的痛苦吧！當下便想幫她，希望她能再覓得良緣，忘卻第一段婚姻的苦楚，心想再一次戀愛或許可使她快樂些，當時我手上天天載著一條粉晶手鍊，靈機一動便告訴她我要買一條粉晶手鍊送她，讓她有機會認識新對象，她回說不用我自己去買就好了，但我告訴她我曾聽過別人送的效果會更好，所以我想送她，因為粉晶裡有我的祝福^.^～～

　　我不知道是我的祝福發揮發了作用還是巧合，之後她的真命天子就出現啦，故事的結局當然是白馬王子與白雪公主從此過著幸福快樂的日子啊～～

　　從朋友婚後洋溢著幸福小女人的味道，我便知道她是幸福的，因為她不僅有個愛她的先生，還有對疼惜她的公婆，這正是我所樂見的 ^_^

　　忍不住想對她說：要幸福ㄋㄟ～

粉晶與紫荊玫瑰花珠的
組合有開花結果的祝福

後記：其實送給同事手鍊之後我就沒把這事放在心上了，直至她結婚我都沒想到這件事，最近因為我想投稿，回想起自己與水晶的種種，才想起這件事，所以就撥了電話與她聊聊，告訴她我要投稿的事，並徵得她的同意才寫的，她還告訴我，當她和先生還沒穩定前很依賴水晶，但自從婚事抵定後，她不再那麼的依賴水晶了，也不會想去載它，但仍將它們放在她天天可以看得的地方，我想水晶的能量並不一定要隨身攜帶，也不要將它想得太神奇，而是要真心的喜歡它，進而用心去感受它的能量，那麼無論妳在哪兒這能量都會跟著妳的。

Crystal的親朋好友們因為水晶而覓得良緣的故事很多，非常有趣，所以Crystal也把這些好方法整理出來，希望能為世間多添幾對佳偶，一些佳話，也是功德一椿呢！願天下寂寞芳心都能找到Mr.（orMs.）Right，有情人終成眷屬，天下眷屬皆是有情人！

② 晶石愛情功能訊息

既然需要可愛的晶石愛神邱比特來牽紅線成就美滿姻緣，那麼在水晶家族中，有哪些是非常稱職的另類邱比特呢？

Crystal在此文中只介紹這些邱比特晶石針對愛情部分的效果，想了解更多晶石的能量訊息，就請期待Crystal的下一本書囉！

反射出六道星芒的
星光粉晶鑲鑽墜子

粉紅光的愛情能量訊息

粉紅光，是愛的能量。而這「愛」其實並不拘限於浪漫男女之愛或是性愛，雖然那也是其中的一小部分。在與光相關的書籍中提到，粉紅光代表著神聖之愛，是一種喜悅的能量，會讓人置身其中時，感受到本質中的所有層面皆是平衡與和諧的。

　　真正的愛，是了解並接受每一個個體都是這宇宙中獨特的一部分，各自在其靈性心識的發展中，去實現它們自身的圓滿。即便目前其對外展現的有多麼負面，我們都要學會去包容、接受，進而去愛這些獨立的個體。

　　高頻率的粉紅光能量，可調整雜亂無章的意識，去除以自我為中心的習性。對於身體與星光體來說，它的作用在於經由身體的各個系統，清除儲存在細胞、肌肉及各器官中的較低頻率，這些負面的頻率常導致身體產生疾病。

　　粉紅光也能將這些低頻率的思想型態帶入神聖之愛的聖火中焠鍊，促使以此修習者更有調理系統地讓思想、語言、文字及行為趨於完美，也會讓人擺脫舊有的人際關係情緒反應，以及人生經驗模式，破繭而出。

　　而在這過程中，也許會產生強烈的孤獨感，或是被誤解的痛苦，並體驗到生命的不公平與不平衡。尤其粉紅光帶來的平衡能力將會使人對心識中的憤怒更加易感甚至爆發，連身體也許都會出現一些改變與反應。請了解這正是體內正在清除一些混濁焦慮的東西，讓這些不和諧的潛在負面雜質浮到表面來處理，確實是運用粉紅光的過程中非常重要的步驟。

　　請給自己多點耐心與信心，一旦超越小我的限制，便會發現存在生命潛在的巨人，也將了解自己與所有的生命都是一個整體，因而學會略過任何一個個體身體的形象及外在的物質形象，完全地進入且接受這個體的靈魂，不對他們做任何改變，無條件的愛他們，進入慈悲大我的境界中。

　　這樣的愛，就從對我們身邊的伴侶與親人開始做起吧！愛必須有所給予，才能擁有，時常觀想心輪發出粉紅光，將這神聖之愛傳出去，想像這光穿透所有外在的物質形象，進入你所面對的人的靈性心識中，成為一種自然的本能，你的身邊，將充滿了愛與祝福！

招來愛情的晶石

粉晶

大家都知道要招來愛情首選就是一粉晶，它也被稱為愛之石，或是愛情石，對應心輪的粉晶不止能讓人的心更柔軟，也能融化心中對愛冷硬的障礙，先讓自己更懂得原諒接納並珍愛自己，找回愛的能力，從愛己進而愛人。

色澤嬌豔圓潤經拋光的粉晶原礦石

單身族想要找到對象的，可在家中東南方的桃花位擺放大顆粉晶球，或在屋中各個角落多擺放粉晶，有助招來異性緣，桃花朵朵開！尤其國外文獻中記載，配戴刻成心型的粉晶效果尤其顯著喔！

手中握著粉晶來作觀想，它可以幫助你將心意傳達給對方知道，發出訊息，呼喚理想的伴侶。

已婚族或情侶吵架冷戰不說話的時候，將粉晶放置於兩人枕頭中間，可幫助床頭吵床尾和，化解尷尬。粉晶很喜歡臥房內的磁場，尤其是嘿休時的能量，臥房裡多擺粉晶，可以營造出柔情蜜意的閨房之樂，並促進伴侶間的忠貞度。

菱錳礦（印加玫瑰，紅紋石）

菱錳礦原礦石

菱錳礦除了使人容易交朋友，如果說粉晶吸引的是純純的愛，那麼菱錳礦鮭魚紅的色光吸引來的就是代表激情與成熟的愛。

象徵堅強濃烈的愛情，可喚醒人們心中對愛的需求，並願意付出，可治療因失戀帶來的痛苦與失落，讓情緒便得穩定柔和，幫助解惑及去除雜念，帶領人們有勇氣迎向未來新的戀情，找尋生命中的靈魂伴侶。

玫瑰碧璽（紅色電氣石）

深淺色澤的玫瑰碧璽等以 K 金與
真鑽鑲成別針與墜子兩用之飾品

深淺粉紅玫瑰色的碧璽能發揮更強大招來異性緣的功能，可喚起人們內在的愛心，並將這愛昇華成體恤別人的慈悲，使人更加感性，並能招來愛的訊息，融化冷漠與疏離感，驅散孤獨寂寞，加強親和力，可以多加運用。據說現今當紅的歌手天王天后也有不少人都戴玫瑰碧璽，可幫助得到眾人愛戴。

橄欖石

橄欖石最為人知的作用就是對一些因為嫉妒，自負的完美主義所引起的焦躁與憂慮，有一種鎮定與淨化調節的作用。配戴橄欖石讓男生愛慕你，女生羨慕卻很喜歡你，讓正在「友情已達，戀人未滿」程度的感情自然加溫，成就美滿姻緣。戴橄欖石飾品還可以讓人變得更漂亮，很妙！

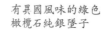

有異國風味的綠色
橄欖石純銀墜子

孔雀石

可在孔雀石旁點根綠色的蠟燭，觀想你的愛情甜蜜美滿，兩人相處融洽，每天觀想15分鐘，喚愛來到你身邊。

附有黑瑪瑙
小珠流蘇的孔雀石環項鍊

清新純淨的海藍寶圓珠手珠

海藍寶

海藍寶本身清透純淨的色澤與質感，讓人自然產生平靜祥和的感受，也象徵著平和的愛，本身能量更能增加忠誠與愛心，很適合對愛情品質有高標要求的情侶配戴。

紫水晶

紫水晶代表高貴純潔，堅貞的愛情，是男女之間互許承諾的最佳定情信物，特別是它有穩定感情的效果，也可提升EQ，加強信心開智慧，避免交往過程中雙方溝通上產生誤差，讓戀情可以順利進行減少障礙。

古人稱紫水晶為忠誠之石，是最被推崇的水晶能量，代表健康與幸福的高貴寶石，也是結婚17週年的紀念石。

紫晶球中已形成漂亮的折射彩虹

另外當使用粉晶後追求者多到產生困擾時，可在身上同時配戴紫水晶，以平衡緩和粉晶的強大能量。

舒俱來石

舒俱來石可使人不多疑，不自我，謙遜為懷，加強自我控制的能力，因而不亂猜忌嫉妒，加強包容度與同理心，變成更體貼的情人。

舒俱來石也被稱爲「愛情之石」，但與粉晶不同的是，它代表完美的靈性之愛，由於其不被輪脈限制的特性，可使愛的傳達流動暢通無阻，並導向正面積極的方向，是避免靈魂受到驚嚇或挫折的最好護身符。

純銀手工香框的
舒俱來石墜子

月光石（月長石）

月光石有許多不同色澤，此爲閃
著藍光的藍色月光石蛋面手鍊

月光石具有融化與瀰漫的特性，可調和人衝動暴躁的個性，由內而外改善，讓人願意接近，進而增加戀愛的機會。

月光石因可招來美好如月光般的浪漫愛情，又稱「情人之石」，也可讓男女發掘出自己本身的陰陽兩面，取得平衡。

單身族可運用月光石招喚愛情的力量，在月圓的夜晚，佩帶月光石接受月光照射，吸收月亮的能量，專心冥想愛情來臨，以後經常佩帶，便可吸引適合的伴侶。

情侶們鬧情緒、口角或冷戰時，月光石有助於雙方能量再度交融，和好如初。

珍珠

總讓人聯想起「美人魚眼淚」的珍珠也能讓人增加異性緣，甚至對整體運勢都有幫助的有機寶石，海中野生的天然珍珠，即便只有一顆效果都很強，但養殖珍珠能量就會弱些，得成串才比較能看出效果。

印度女子長戴著保障婚姻的美滿與幸福，還有使婦人多產的功效，不似童話故事裡的美人魚有那樣淒美哀傷的結局。

少見的天然金黃色
南洋珠鑲鑽墜子

紫黃色帶明顯品相
乾淨剔透的紫黃晶墜子

紫黃晶

在複雜的感情關係中是最佳調和劑，據說由於兩個顏色同時存在一顆晶石上，因此也意味著可增加佩帶者的包容度。處於複雜不友善的人際關係及環境中時，可以從容自在的協調排解周圍的糾葛，因此也能讓愛恨交織的感情獲得調節喘息的機會，如多角戀情。

有助「性」福的水晶及礦石

紅色光與粉紅光的最大不同，在於紅色光處理的是屬於身體與人際關係的問題，以及透過神聖之愛完成有效的療癒。以下便是幾種能發出紅色光能量的晶石。

紅寶石

紅寶石是許多女性非常嚮往喜愛的時尚寶石，價值不斐但戴起來總讓女人變得雍容華貴，光彩奪人！作成整串項鍊或墜子戴在胸前，或者手鍊或戒指戴在右手，最適合「正宮」配戴，馬上就把想要媚惑自己另一半的狐狸精給比下去，主權在握看誰厲害？！

紅寶石蛋面鑲鑽墜子

石榴石

石榴石的顏色較紅寶石來得深，市面上大多以銀來搭配，有一種神祕的氣質，酒紅色的石榴石有益生殖系統及相關器官的健康，對應海底輪可增加性能力，並可加強生命力、活力與耐力。

石榴石搭配珍珠的手鍊與戒指

可促進再生功能，增進新陳代謝的功效，因而可讓氣血流暢，恢復皮膚光滑彈性及好氣色，讓人擁有難以抗拒的魅力，招來幸福與永恆的愛情。

珊瑚

對愛情而言，像珊瑚的紅色一般，代表著熱情與激情，可加強佩帶者的性感魅力，有助打開心胸，接受感情。使人提高心靈層次，有著高度敏感性，對渾屯不清的局勢有調和的作用。

煙晶

對應海底輪，對「會陰穴」感應特強，可促進性的活力，並可促進再生能力，使傷口容易癒合，不留疤痕，恢復青春活力，返老還童，是想增加吸引異性魅力的男士們最佳選擇。

剔透穩重的煙晶印章

顏色豔紅的紅珊瑚觀音像

③ 召喚愛情的晶石運用祕法

水晶讓你桃花朵朵開──尋找你的桃花位

何謂桃花位？

人們常說感情不能勉強，但是桃花卻是可以催化而來的。一棟原來無桃花運的房子，可以藉由風水或水晶的力量，加強粉紅色及紅色光的磁場，而這樣的磁場能量與外在的磁場能量相結合，自然就會吸引戀情發生。同樣的，一個原本沒有異性緣的人，也可以運用一些特別的首飾或方法，讓自己變得較易與人接近溝通。人緣變好，追求者自然出現，不再讓你獨守空閨無人聞問，不過，自我心理的調整與努力仍然是最重要的，不能只靠水晶！

簡易桃花位找法

在風水而言，每間房子都有其與婚姻愛情對應的位置，通稱桃花位，可以去文具行花個幾十元就可以買到一個指北針，站在房子正中央，先找出指針紅色部位指出的北方後，就可找出其他正確的東南西方向。

通常東南方位主財位，卻也是桃花的位置，但也有另一種說法，指西南方為坤位，主母親的位置，也關係到家庭婚姻，所以想要嫁人當媽媽，女性就要特別注意這個方位。而以整個家庭來說，屋子的西南角也關係著家庭的和樂與婚姻的和諧，一定要特別注意。

如果要談得更深入，則可以依個人的生肖來推算出可與主人本命產生對應作用的桃花位，以下是以生肖來排出的對應桃花位。

生肖	地支	桃花位
鼠	子	正西方
牛	丑	正南方
虎	寅	正東方
兔	卯	正北方
龍	辰	正西方
蛇	巳	正南方
馬	午	正東方
羊	未	正北方
猴	申	正西方
雞	酉	正南方
狗	戌	正東方
豬	亥	正北方

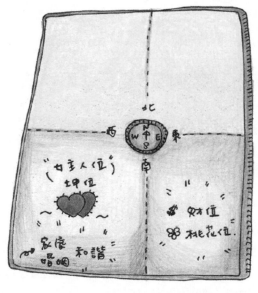

　　Crystal在這兒要特別提醒大家，如果你是與家人同住，桃花位也會影響到家人，如果是在客廳擺設，那麼家裡可能每個人都會走桃花運，尤其是用東南方位這個方法，因為與整棟房子的格局有關，如果是一個人獨居就沒有關係，否則還是擺設在自己的臥室，不然也許會害到你的家人也不一定，那就麻煩了！

正桃花與爛桃花？

　　了解的人都知道，桃花不一定都是好的，就像結了婚但不一定幸福，生了兒女也不一定都孝順聽話，雖然桃花可催生，但卻不能照單全收，必須看輕好壞，作正確的抉擇！

　　為什麼會有所謂的爛桃花、壞桃花？不談前世因果原因，也許已婚家族中桃花位剛好放了一些吸引桃花的東西，比如說剛好拿了花瓶插花，又剛好插了粉紅或桃紅的花，偏偏主人衛生習慣不好，花插了卻沒有天天換新鮮的水，弄到最後水發臭了，花也謝了，惡水當然氣不好，也許最後弄得男女主人有外遇，或是感情愈來愈不融洽！

　　換成單身族，好的桃花甜甜蜜蜜，最後修成正果，步入禮堂。如果碰上爛桃花，則糾纏不清，愈弄愈複雜，最後也許暴力相向，恐怖得不得了！其實Crystal曾說過，這跟業力有關係，桃花位上有不好的東西或未保持乾淨的磁場，很容易引來前世的冤親債主來討債，其中就有感情債。

　　所以平常就要注意在桃花位上放上吉祥的物件，如果不能好好照顧植物或換水，那不如不種，乾脆放上不會發臭、不需太多照顧的紫晶洞或粉晶就一勞永逸了，千萬不要找來永不凋謝的塑膠花，或是根本已經是「Dead Body」的乾燥花，那桃花不爛才奇怪。

給單身族的愛情水晶祕法

遇見心目中的理想情人——如何運用水晶發揮擋不住的吸引力？

化被動為主動，自己尋找幸福。單身的你該如何做好迎接愛情到來的最好準備。

運用晶石找到心儀對象的觀想步驟——

Step 1

先行淨化粉晶等粉紅色晶石，找讓自己可靜下心來，並不會被打擾的地方坐下。

Step 2

將晶石握於手中，凝視水晶，想像水晶幻化成一座透明的水晶山，記住山的形狀，並對水晶吹一口氣默想：「晶石晶石請幫助我。」

Step 3

閉上眼睛，將晶石壓在胸前，開始想像自己正朝水晶山腳下走去，山的另一邊你心儀的對象也正向對面山腳下走來，兩人抵達山腳下時，山腳各有一扇門打開了，於是兩人進入門內，便進入水晶山內部。

Step 4

門內是一個光亮開闊的空間，空氣裡飄著玫瑰花香，以及粉紅色的光芒，想像自己豁然開朗的感覺，你與心儀的對象就在這個空間裡相遇，請你想像對方的容貌及風采，並且儘可能的想像兩人的笑容聲音，及相處時融洽的氣氛與畫面。

在這邊Crystal要補充一個真實故事，有位因工作旅居美國加州的女性網友彥之，告訴我一個她親身經歷，是有關粉晶千里牽姻緣的故事。

彥之從台灣被公司派去美國時已經超過適婚年齡，工作做了好幾年，可是愈想愈擔心，自己不想嫁給老外，可是待在美國又不容易遇見未婚的中國男人好對象，眼見年齡愈來愈大，該不該請調回台灣呢？可是公司又不肯放人，怎麼可能找到結婚對象呢？

這時彥之剛好在網路上看見Crystal的「水晶魅力世界網站」，瀏覽到粉晶對愛情的神奇魔力，於是便越洋託姊姊向Crystal訂購了一盤粉晶七星陣，飄洋過海寄到彥之身邊，她開始照Crystal寫的方法運用粉晶觀想，但想的時候因為沒有實際的對象，所以彥之說她就沒很清晰的去勾勒那心儀對象的外貌，但只觀想說這個水晶山裡的理想對象有著很好聽的嗓音。

後來沒過多久就有朋友介紹一位住在德州的男孩子給彥之，兩人剛開始還沒見面前便用電話與Email聯絡，彥之說這男人的聲音真的好好聽，經過約兩、三個月的電話傳情，兩人愈聊愈投契，後來終於見面了，雖然彥之說跟她想像的聲音主人形象雖然不是那麼符合，但經過更深入的溝通了解，彥之說她很清楚的知道，這個人就是她要找的老公。尤其是那好聽的聲音，以及相似的價值觀，他們便在通第一通電話後的八個月結婚了！

不過……她有點後悔沒找個偶像的形象來觀想！呵呵

恭喜彥之覓得良緣，這個故事告訴我們，觀想的時候如果能把畫面及細節想得愈清晰就愈容易實現哦！

Step 5

上述階段結束後，睜開眼睛，將水晶置於兩手之間，想像它更晶瑩剔透，光彩奪目，最後再對晶石吹一口氣，感謝晶石的幫助，結束觀想。

有幾種晶石在特殊的觀想之下效果最佳，如單身族可運用月光石招喚愛情的力量，在月圓的夜晚，佩帶月光石接受月光照射，吸收月亮的能量，專心冥想愛情來臨，以後經常佩帶，想像自己心輪放射出如月光般的粉紅光芒，便可吸引適合的伴侶。

Crystal提醒您，進行觀想前需有強烈意願認識新的對象，不可對過去的某人還有留戀，否則想來想去都是那揮之不去冤家的影子，那就沒有效果了。

Crystal的晶石運用貼心建議

臥室佈置

好的開始就是成功的一半，想要早日找到理想的對象，以未婚族而言，先找出自己房間內的桃花位，可在牆上掛幅色彩鮮豔的花朵圖畫或風景海報，亦可將粉紅色系的東西安排在東南方牆壁。

刻成玫瑰花的粉晶珠珠串成項鍊

如果可以，最好是在桃花位的地方擺上粉紅色的東西，比如說粉晶七星陣、粉晶球、粉紅色的檯燈等（記得燈泡要長保持光亮，壞了馬上換新燈泡）。

尤其是有玫瑰花造型或圖案的粉晶，加上粉晶燈或粉紅色蠟燭，以及甜美的玫瑰花香，水晶，光束，香味三種磁場一起作用，效果一定很棒！但請不要放粉紅色的乾燥花或粉紅色的填充娃娃，否則再好的桃花運都會被他們給吸掉！

點亮後的粉晶燈

另外再提供大家一個小祕方！雖然人家說臥室不要放植物，以免晚上植物釋出二氧化碳對健康不好，但想要談戀愛的朋友，可以在桃花位上以乾淨的水養黃金葛，在黃金葛的莖上綁上偶數個（如2、6、8……偶數蝴蝶結，但要避開四這個數字）大紅色蝴蝶結，翅膀朝上，鬚鬚朝下，Crystal建議在容器內放上一些粉晶碎石或粉晶球效果應該更棒！

只要帶動整個氣場，屬於你的正桃花就會翩翩而來，一旦碰到的對象已經發展成固定的男女朋友關係時，就要將大紅色的蝴蝶結

改換成粉紅色的，並在植物的容器中加放紫晶，就可以幫助穩定你跟阿那達之間的感情！當然，保持黃金葛的健康與長綠是最基本也最重要的事，一旦有枯黃的葉子就趕快摘除，這樣才能保持好的氣一直運轉，你也才能遇到好對象而不是一段孽緣。

如果不巧臥室的桃花位剛好是一個窗戶，那麼可以在窗戶上掛一個五色繩包起來的粉晶球，也會有不錯的效果，如果剛好碰上門的話，則可以掛一面粉晶碎石穿成的門簾，也有擋住桃花氣洩漏的功用。提醒大家臥室門上儘量不要掛任何東西，門把也不要掛東西或套上流行的布套，以免影響對感情有益的靈動之氣。

臥室的天花板最好是淺粉色，否則也可採用象牙白；地板以粉紅色系或木質色為主。Crystal遇見老公之前一直都是在外租屋的單身上班族，對房間的裝潢根本就是隨遇而安，無權過問（房東怎麼做就怎麼住）。

但後來因為老爸在天母買了間公寓，兩老當時人在美國弟弟那兒，所以裝潢就由Crystal全權做主（反正兩老住在南部，真的是心疼女兒常搬家才買房子），Crystal當時就福至心靈——房子的臥室油漆用的是玫瑰白，帶點粉粉的白，感覺很好，客廳及書房分別用的是百合白，所有家具都是深深淺淺不同卻協調的原木色，不只老爸老媽滿意，最後本姑娘果然就在這間房子裡嫁出去了。

當然，除此之外當時Crystal也剛剛接觸了水晶，臥室的床頭櫃及正好在桃花位上的梳妝台都無意間擺了粉晶，看來大家真的要試試看呢！

如果已有交往的對象，而在比較好的交流氣氛下，希望能締造良緣，那麼可利用臥房北方位放置小桌或小櫃子，並擺些珠寶首飾盒在上面，亦可將兩人出外遊玩的相片簿放在這桌子上、櫃子的抽屜或桌面。

在房間的東方或東南方，可放書桌或梳妝台，在這方位書寫情書或放置往返情書，是最吉利而且又最可成就姻緣的地方。

運用晶石飾品加強愛情運勢也是招來愛情的蜜招之一。女孩子的配飾有很多，舉凡飾品，皮包，領巾絲巾等都算是。大家可能不知道配飾除了可有畫龍點睛讓造型加分的效果外，還關係到整個人的氣勢，不管是對事業或者感情都很重要喔，特別是補強戀愛運的部分。至於各種晶石飾品的配戴時不論男女的一些共通原則與小祕訣，Crystal在本書時尚水晶單元裡有另闢專文介紹，請好好參考一下喔！

針對想找到理想情人的單身族，對晶石飾品的配戴，有以下幾點建議

耳環

戴鑲有寶石的耳環是很有效的一招。女性的耳垂是很能突顯女性魅力的地方，對應著身體的許多穴道，因此效應很強，耳環上寶石的能量幾乎可以完全與身體頻率共振。對一些臉形不夠完美的朋友來說，還能改善臉形，有補運的作用！

戴上珍珠耳環尤其能讓你散發女性魅力，戴粉晶或玫瑰碧璽耳環的話，則能招喚新的緣份，尤其以垂墜式的款式效果最好，但也最好不要太長，約耳下一公分的長度就好了，以免招來一些不該招的爛桃花。

首飾除了鑲的寶石外，底座也是有學問的，想要早點遇見感情對象的人最好選擇黃金底座，有幫你的緣份踩油門加速的效果。

色澤如紅寶石之
碧璽鑲彩鑽耳環

項鍊

日本人覺得視覺上女人最性感的部分在她們穿著和服時露出的後頸，但有人研究過，女人最能吸收能量的地方在於頸與胸之間，大約位於鎖骨與鎖骨之間，也就是平常我們戴項鍊的地方。Crystal想男人應該也不會差到哪裡去，因此在佩帶水晶飾品時，選擇可垂掛在這個部位的項鍊墜子，直接對應可發出粉紅光的心輪。

想要愛情的話掛粉晶墜子，想要財運的話掛綠幽靈水晶墜子等以此類推，尤其粉晶對應心輪，不只招來愛情，連人際關係都會有所改善。大衛星圖騰的粉晶墜子更是能量強大如虎添翼！另外玫瑰碧璽（電氣石）也能發揮更強大招來異性緣的功能，可以多加運用。

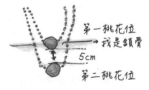
第一桃花位
我是鎖骨
5cm
第二桃花位

心型墜子當然顧名思義可以幫助心輪運行，使氣血運行得更通暢，帶來好氣色，並使人自內而外產生改變，連平常桃花絕緣體的人都可能有所改變喔！

星星型墜子則可以為想戀愛的你帶來新約會的機會，有浪漫邂逅的機會！材質上來說，想要招來戀愛運的話最好戴上黃金的項鍊，其

心型星光粉晶墜子

次可考慮銀色的白K金項鍊。避免佩帶皮繩，據說皮繩有愛情終結者之稱，不戴為妙，不過市面上有些雖稱為皮繩，卻是棉繩緊紮加色，看起來有皮的質感，戴久了就看出是棉繩，這就不算終結者囉。

星星粉晶墜子項鍊

想要談戀愛的女生，請多穿可露出上述部位的衣服，散發女性的魅力，不要把自己包得太緊，可也不要太暴露。

●手鍊

手腕是對應下三輪很重要的部位，也是招來戀愛運很重要的地方，跟性的吸引力有關係，在左手腕上戴一條粉晶或菱錳礦手鍊，有助吸引良緣，但若想很快發揮魅力，認識新的對象，則可以偶爾換至右手佩帶，以散發你擋不住的電力。像橄欖石不僅戴上後會讓人變漂亮，而且不論同性異性都會喜歡你，擁有好人氣喔！

菱錳礦圓珮手鍊

各種不同的晶石會產生不同效果的能量，尤於手鍊又是晶石用得較多的首飾，通常晶石體積越大，能量就越強，大家可以好好運用。

戒指

Crystal曾說過配戴水晶最好要直接接觸肌膚，才會發生功效。可是，如果戴戒指的話，通常戒指的晶石都不會接觸到肌膚。那水晶還能發揮最大的功效嗎？

玻璃種翡翠珍鑽戒指，
綠色光也對應心輪

基本上水晶面積越大能量也越大，通常戒指的戒面都不會很大，所以能量發揮本就有限。加上不一定能讓戒面晶石接觸到皮膚，所以效果比能接觸皮膚，且體積較大的手珠或墜子來說，戒指的能量發揮本來就較弱。

但以美觀與設計的表現來說，戒指的確是水晶的一種很棒的表現方式，對以收藏為出發點而不是功用的朋友來說，是欣賞晶石很好的對象。

另一方面說來，戒指也不是完全沒有功效喔，如果能好好觀想其發射出對應的能量的話，可能也會有意想不到的效果呢！

這發射能量猶以食指為最，但也容易讓人覺得強勢。戒指戴中指的話有避邪化煞的效果，卻也可能同時將桃花推掉，左右手的無名指代表約定，尤其結婚都戴左手無名指，因此如果把已經感情很穩定的對象所送的戒指戴在左手無名指上的話，則會增強兩人結合的可能性喔！

已結婚的人除了婚戒外，中指也可戴戒指，會少掉一些無謂的桃花騷擾，但想找對象的單身族就儘量避免了吧！

　　把戒指戴大拇指的人應該很少，Crystal好像只在古裝劇裡看過演皇帝、王爺的人戴個大大的玉扳指；戒指戴小指大家都知道可以防小人，但戴左手還是右手眾說紛紜，Crystal乾脆兩指都戴萬無一失，哈哈！

　　不管配戴任何飾品，舉凡是925純銀鑲崁的飾品，要儘量避免讓其氧化發黑，除了不美觀之外，據說富含五行中所謂「水」氣的銀飾，可關係到人際關係與愛情運喔，如果銀飾氧化後「水」氣消失，可能很容易招來不好的緣份，還是勤快一點多用擦銀布擦拭（不建議用很化學的，會侵蝕銀的洗銀水來處理）那氧化發黑的銀飾，　這樣你的愛情運才不會像黑黑的銀飾一般黯淡無光喔！

腳鍊

　　據說古時候的女奴才會戴腳鍊，這是一種原始的性壓迫的象徵，甚至有女權主義者指責愛戴腳鍊的女性是走回頭路，現在的說法是「向下沉淪」。姑且不論緣由，戴腳鍊的確會有一種莫名的性感與美，尤其配上沒有蘿蔔的小腿與纖細的足踝，真是惹人遐想啊！

各色心型碧璽珠串成的腳鍊

　　家裡的桃花雖已啟動，但若自己不經心，因緣仍然會從身邊溜走，如何讓自己充滿魅力，讓好對象會注意到你，其中是有祕訣的哦，記得Crystal當初第一次遇見老公時，就是穿著可以露出鎖骨的白U形領上衣，配上可愛海豚銀耳環，搭配藍色長裙與白色細帶涼鞋，果然讓老公注意到並且開始追求，現在想起來真是穿對了。

　　即使你剛剛失戀，也要收拾起悲情，重新整理好自己，讓自己全身散放著好的「氣」，依據物以類聚的道理——好的氣才會招來好的良緣，而不是一場無結果的苦戀！切忌讓自己處於自憐自愛蓬頭垢面的負面氣場中，那恐怕怎樣都會找到Mr.或M.s Wrong了！

愛要勇敢說出來——如何運用水晶結束單戀暗戀的日子？

　　單戀與暗戀真是好痛苦，害羞又不善於表達的你，如何讓他或她開始注意你呢？已經交往了一段時間，想加溫愛情，擺脫戀人未滿的窘境，由朋友跨入情人階段的人，除了運用上一章提到的方法外，Crystal再針對這樣的情況教大家幾個狠招！

運用粉晶結束暗戀或單戀日子的觀想步驟：

Step 1

　　先行淨化粉晶等粉紅色晶石，選定陰曆月圓的夜晚（初十四或十五），一定要有一輪圓滿的月光，找一個讓自己可照到月光且不會被打擾的地方。

Step 2

　　將晶石握於彎成碗狀的雙手中，凝視晶石，想像月光點點灑下，掉落在雙手中，慢慢盈滿雙手並浸過粉晶，粉晶因而閃閃生輝，想像將雙手中的月光自頭頂淋下，於是你由頭至腳由裡至外都充滿了晶瑩剔透的月光，閃爍著光芒，尤其心輪的部位更是光亮耀眼！

Step 3

　　閉上眼睛，將晶石壓在胸前，開始想像自己正朝你暗戀的對象飛去，對方看到你時也露出快樂高興的笑容，並伸手迎向你，當指尖接觸的一霎那，閃爍的月光便也傳遞到對方的身上，兩人身上同時閃動著皎潔的光芒。

Step 4

　　同時想像空氣裡飄著玫瑰花香，以及粉晶的粉紅色光芒，你與暗戀的對象就在這個美好時刻裡甜蜜和諧的相處畫面。

Step 5

上述階段結束後，睜開眼睛，將晶石握於兩手之間，想像它更晶瑩剔透、光彩奪目，最後再對晶石吹一口氣，感謝晶石的幫助，結束觀想。

Step 6

也可以將這樣觀想過的粉晶在泡浴的時候放入澡缸內，並加入米酒（或玫瑰紅酒）與鹽一起泡澡，想像水裡充滿了粉紅色的能量，不僅對愛情有幫助，對美容也很有效呢。

Step 7

Crystal提醒您，進行觀想前需心存善念，不可運用此方法反過來危害他人或惡意破壞他人戀情，否則有危險的恐怕終歸是自己，切記切記！

♥Crystal的晶石運用貼心建議

●臥室佈置

如果已有暗戀的對象，可準備一盤粉晶七星陣，將對方及自己的姓名男左女右寫在紙條上（有照片最好，可是這樣會不會有點恐怖阿？！），名字下面寫上「心心相印」、「兩情相悅」等古祥話，將紙條壓在粉晶七星陣下，放在房間的東方或東南方的書桌或梳妝台上，然後左手掌掌心向下懸在粉晶七星陣上，開始作與對方情投意合情境的觀想，另外你也可以運用以上的觀想方法。

●髮飾

想要結束單戀或想加溫愛情，可以多運用蝴蝶造型的髮飾或圖案，象徵將你倆綁在一起，效果不錯！

以粉晶珠與粉真珠編製的小髮飾

耳環

想要讓你喜歡的對象注意你，記得一定要戴耳環，尤其是垂墜式的粉晶或石榴石耳環最有神效，多戴銀或珍珠的耳環有助愛情的催化！

垂式眞珠純銀鍊耳環

項鍊

多露一點你美麗的鎖骨吧，再加串迷死人的項鍊更是重要，尤其是有蝴蝶結圖案的項鍊，或是胸針，就會將你跟他綁在一起，招來愛情的粉晶及讓你性感十足的石榴石都是很好的選擇。

紫晶純銀鑲花朵墜子

有些人單戀或暗戀了某人好久，就是沒有勇氣表達，這種情況多是由於缺乏自信的關係，或是性格不夠開朗積極，這樣可以多佩帶髮晶或虎眼石等這類可增強氣魄的寶石，以增加信心，再配合捷克隕石或黑隕石等這類可使水晶能量相乘加倍的晶石，對應心輪，使得自己的心胸開朗、情緒愉快。沒什麼比跟一個快樂的人在一起更有吸引力的了！

另外有些單戀或暗戀是愛上了不該愛的人，甚至這樣的感情可能是不道德的，以至於無法啓口，卻又想跳出這個愛的漩渦，建議可佩帶紫晶或藍玉髓的墜子在胸前，開啓眉輪，讓自己理智清晰、看破迷思，自然可以跳出情關，另覓幸福！

手鍊

在想要加溫晉級爲情人的此時，一串粉晶手鍊更是不可或缺的，有將對方「套牢」的意義。

款式特殊的粉晶手鍊

戒指

想讓對方更注意你，可在右手食指戴上純銀鑲粉晶的戒指，可以像雷達一樣放送你的超強魅力，讓他多看你幾眼。

粉晶以玫瑰 K 金與真鑽鑲起的戒指

情敵看招——如何運用水晶戰勝第三者？

現代社會感情的誘惑特別多，如果你的阿娜答又是那種容易三心兩意、招惹事端的人，如何運用智慧戰勝第三者或狐狸精，那可是一門大學問！Crystal也來分享一下如何運用水晶讓你在情場上成為三角戀情的贏家。

臥室佈置

想要鞏固彼此的感情，經得起第三者的考驗，也可準備一盤粉晶七星陣，將與對方的合照背後寫上兩人的姓名（男左女右），名字下面寫上「愛情專一，心無二意」等吉祥話，將紙條壓在粉晶七星陣下，放在房間東南方的書桌或梳妝台上，也可一起放置穩定感情的紫晶洞或大顆紫晶球，另外若欲使過程中頭腦清楚冷靜，還可配合藍色的青金石或天青石來使用。

吼！

青金石麒麟巧雕擺飾

運用晶石終結情敵的觀想步驟：

Step 1

找一顆心型粉晶等粉紅色晶石先行淨化。先對晶石吹一口氣並默想「晶石請你幫助我」，握在左手掌中觀想你與情人恩愛甜蜜的畫面，然後將晶石貼近第三眼的眉心部位，想像粉紅色光由此灌入身體中，全身充滿粉紅色光。

123

Step 2

　　觀想後將晶石置於枕下入睡，並在第二天開始將粉晶放在有陽光的地方，用玫瑰花圍成圓圈，將粉晶圍在中央，另外圈圈中還可以放進磁鐵（象徵吸引力），以及平常你常用的香水或唇膏等隨身品，想像陽光透過粉晶形成粉紅色光，並將磁鐵的吸力一起注入香水或唇膏中，情敵如果很厲害的話，隔數天就要作一次。

心型粉晶

Step 3

　　將觀想過的心型晶石隨身攜帶當作護身符，香水或口紅也在與情人相處時使用，自然會增加吸力，把他牢牢吸住！

Step 4

　　Crystal提醒您，進行觀想前需心存善念，就算多麼痛恨情敵也不可運用此方法觀想危害他人，否則將自食惡果。

Crystal的晶石飾品運用貼心建議

　　想要終結情敵就要讓自己更美、更有魅力，如果你的他不幸是個萬人迷，那麼你當然也不能輸給他。Crystal教你幾個造型上可以提升性感度的飾品搭配重點。

項鍊

　　想要終結情敵，首先要穩固你與情人的感情基礎，一串可使你更有智慧，又可以安定情緒讓你談笑用兵，更能穩定感情的紫晶墜子或項鍊扮演了很重要的角色，如果可與粉晶搭配成雙圈更好，戴在鎖骨間及鎖骨下四～五公分處的第一與第二魅力帶，更直接對應眉輪與心輪，效果加乘喔！

手鍊

想要有女人味當然還是要適當地多露一點！露出白皙鎖骨的連身洋裝搭配項鍊固然已很有吸引力，但若再戴上石榴石或紅玉髓等編製的手鍊，對應下半身的臍輪與海底輪，可加強女性臍輪（子宮等生殖系統）能量，是很棒的選擇。如果能在腰間佩帶一條紅石榴的腰鍊更是Powerful，還能讓血氣順暢，臉色紅潤，成為讓情敵聞之喪膽的必勝妝扮！

石榴石純銀鑲手鍊

不要說再見 —— 如何運用水晶讓分手的情人回頭？

有一首老歌「思念總在分手後開始」，人總是在分手後才想起老情人的好，即使有新的對象在眼前，有人還是不免希望能破鏡重圓，重修舊好。雖然Crystal一向支持好馬不吃回頭草這句話，但為了成全這樣情況的朋友，還是貢獻幾個idea吧！

臥室佈置

東南方位當然還是很重要的桃花位，該有的佈置還是要做，想要讓情人回頭雖說是重拾舊緣，但先前的陰影可能都還在，所以應該先將前次分手的原因及糾葛先完全清除，當成一個重新的開始，所以建議可將先前與情人分手的原因一一寫下，整理好之後在東南方位將其一一燒掉，以示前緣已盡，重新開始的決心。

如何運用水晶讓分手的情人回頭的觀想步驟：

Step 1

先行淨化粉晶等粉紅色晶石，準備兩根小小的粉紅色蠟燭（生日蛋糕附贈的那種就可以了），找讓自己可靜下心來並不會被打擾的地方坐下。

Step 2

將晶石握於手中，凝視晶石，默想想要讓分手的情人回頭的整件事情，並對晶石吹一口氣默想：「晶石晶石請幫助我。」

Step 3

將兩支粉紅色蠟燭同時點燃，男左女右，想像左右兩支蠟燭各是你與情人，將粉晶拿至兩支蠟燭中間上方，閉上眼睛努力觀想粉晶發出粉紅色的光，與燭光融合一起，並想像與情人重修舊好，恢復恩愛的情況。

Step 4

將晶石靠近胸前，再次祈禱能破鏡重圓，再將兩支已熔出蠟油的蠟燭併在一起，接成一支蠟燭，並將粉晶靠近火焰，感受愛之火的灼熱，但可別真的燒到它喔。

1.

2. 未燒亮的蠟燭

用棉線纏繞

3. 用粉紅色或紅色紙包住放置東南方

左　左

↑ 東南方（桃花位）

Step 5

上述階段結束後，睜開眼睛，吹息火焰，將水晶置於兩手之間，想像它因熱度而能量更強，最後再對晶石吹一口氣，感謝晶石的幫助，結束觀想。未燒完的粉紅小蠟燭可用棉線纏繞起來，用柔軟的粉紅色或紅紙包住收藏在東南方的桃花位上。

Step 6

Crystal提醒您，進行觀想前需有強烈意願及要面對跟分手後情人復合的心理準備，因為通常這樣的感情即是復合了也不一定會有好結果，Crystal還是覺得古人說的話有一定的智慧，最好不要勉強挽回，要進行前請三思吧。

Crystal的晶石飾品運用貼心建議

通常想挽回老情人的人都會陷入一種焦慮的狀況，所以要讓自己振作起來，釐清思緒，重新開始，Crystal提醒幾個造型搭配上的重點。

髮飾

還是建議換個髮型換個心情，帶上由白幽靈水晶鑲成的幸運草圖案的髮飾或髮夾，有扭轉乾坤的改運作用。

耳環

戴粉晶或紅紋石（菱錳礦）等粉紅色寶石的十字型，或幸運草型垂墜耳環也會有同樣的功效。

項鍊

戴串白幽靈水晶墜子的項鍊也有改運效果。其他有幸運草圖案的粉晶或紫晶別針，對挽回情人有幫助。十字型粉晶項鍊墜子也有改變現況的效用。

白幽靈水晶墜子

手鍊

在左手腕上戴一條有粉晶十字型或幸運草垂墜的手鍊，可加速改變已分手的現況，讓老情人容易回頭想念你唷！

我們結婚好嗎？—— 如何運用水晶走向紅毯另一端？

交往已經好久了，可是對方卻遲遲不見求婚的舉動，也沒有實質的承諾，這樣下去也不是辦法，可是又不好意思主動談起，該怎麼辦呢？

▲臥室佈置

　　想要結婚當然要更重視桃花位了，除了在前面文章提過的放上大顆粉晶球或粉晶七星陣，以及繫上大紅蝴蝶結的植物外，還可利用臥房北方位放置小桌或小櫃子，並擺些來往的情書或甜蜜合照，加上穩定感情的紫晶洞或紫晶球，就等他來求婚吧！

　　以下是網友金小婷email給Crystal分享的親身經驗：

　　Crystal姊，我今年過年帶回家的三個七星陣粉晶盤，最近讓我和男友的感情變穩定了，因為我們交往十年了，交往太久沒結婚本來決定要分手了，那時過年想說試試看買粉晶盤回家，當然不可能神奇地立刻見效，不過本來不穩定的感情最近變得穩定下來了，本來想等結婚時再告訴你們的唷，但想說分享一下，哈哈～

運用晶石促成婚事的觀想步驟：

Step 1

　　先行淨化如粉晶、菱錳礦等粉紅色晶石，找機會讓最近剛結婚的親朋好友握一下你的粉晶，且給予祝福，並事先蒐集一些與結婚相關的資料：如兩人的甜蜜合照，你喜歡的結婚禮服款式、婚戒、捧花、喜帖的目錄，可以讓自己的想像愈清楚愈好。找讓自己可靜下心來且不會被打擾的地方坐下，並將這些相關資料放在面前。

Step 2

　　將晶石握於手中，凝視晶石，並對晶石吹一口氣，默想：「晶石晶石請幫助我。」

Step 3

　　閉上眼睛，將晶石及步驟1中提及的資料一起按在胸前，開始想像自己結婚時的盛況。比如說穿上美麗的結婚禮服，與想要結婚的另一半步入禮堂，耳畔響起結婚進行曲，受到眾親友的祝福，甜蜜共度蜜月等場景。

Step 4

繼續想像晶石發出粉紅色的光，自手中傳至全身，尤其是心臟部位的地方，更是閃耀著玫瑰色的光芒，籠罩著想像中的婚禮現場，尤其重要的是要想像體會一下在婚禮中那份快樂幸福與溫暖的感動心情，愈真切越好。

Step 5

上述階段結束後，睜開眼睛，將晶石置於兩手之間，想像它更晶瑩剔透、光彩奪目，最後再對晶石吹一口氣，感謝晶石的幫助，結束觀想。將此晶石隨身攜帶，也可一次準備兩個，將其中一個送給你的阿娜答，當作你與情人間愛情的祕密守護石，除了自己與情人外不可給任何人觸摸。

Step 6

Crystal提醒您，進行觀想時，想像的對象必須已經是正常交往，並且互相真正有考慮結婚可能性的人，不可藉此觀想破壞他人的姻緣！

♥Crystal的晶石飾品運用貼心建議

人家說想結婚得有股衝動，也必須有點勇氣，所以加強自己與對象的氣魄便成了此時最需要的，針對這樣的需求Crystal在晶石搭配上有幾點建議：

→ 淨化粉晶（或粉紅色晶石）
薰香或其它淨化法皆可

緊我催一下
最近剛結婚

→ 蒐集與結婚相關資料

晶石晶石請幫助我

謝謝你親愛的水晶

觀想結束後請隨身攜帶
或準備2個，1個送給對方，當作愛情守護石

髮飾

想結婚嗎？趕快露出你的額頭及耳朵來，將頭髮用兩支閃亮可愛的粉晶或玫瑰色蝴蝶結型、或是象徵開花結果的水果型髮夾夾住，留一小撮瀏海在額頭就好，這樣的幸運髮飾可以幫助促使對象想趕快在你身邊，作一輩子的伴侶哦！

耳環

戴玫瑰石或紅紋石（菱錳礦又稱印加玫瑰）的蝴蝶結或水果型耳環，是很有效的催婚密招之一。珍珠耳環也是愛情護身符，建議最好選擇有催化感情作用的天然銀所作的底座。

項鍊

蝴蝶結型或水果型的水晶墜子，比如蘋果型墜子，有平平安安開花結果的意義，可提高結婚運，有將姻緣綁在一起的意義。在鎖骨處擦上果香調的香水，則有錦上添花的加乘效果，更有開花結果的高度祝福意義。

紫晶蘋果墜子

腳鍊

這種非常時期腳部非常重要，學過穴道推拿的人都知道，腳踝的穴道是對應子宮的地方，而結婚跟生殖則有極密切的關係，因此戴上可突顯足踝美感的腳鍊，更是對提高結婚運有極大的幫助。材質上以能幫助海底輪的石榴石、紅玉髓、紅髮晶、黑瑪瑙或黑曜石等功效最好！

愈挫愈勇 —— 如何運用水晶勇敢面對失戀的創傷？

臥室佈置

如果真的不幸失戀了，沒關係！在桃花位上擺上一盤綠幽靈水晶七星陣吧，一方面綠色光也對應心輪，與粉晶不同的地方在於綠色光有治療受傷心靈的作用，讓我們更有耐心與愛心，也能安撫創痛，讓心情更開朗。另外，它也能使工作順利招正財，人說情場失意，商場得意，將生活重心轉移至事業上，也是治療失戀很棒的方法哦！

綠色東菱玉七星盤上
的綠幽靈水晶七星陣

運用晶石療癒情傷的觀想步驟：

Step 1

先行淨化晶石，不限於粉晶，並且最好是原先就已經隨身攜帶的水晶，儘量找機會到大自然中，海邊也好，山中也好。

另外也建議使用橄欖石，因橄欖石最為人知的作用就是對一些因為嫉妒、自負的完美主義所引起的焦躁與憂慮，有一種鎮定與淨化調節的作用，並可加強上三輪，尤其是頂輪的敏感度，作冥想時佩戴則可容易入定，消除內心深處的恐懼與罪惡感，如陽光般光明的力量，有助於心靈態度的改善，並治療因負面能量而受傷的心。

可化解嫉妒的橄
欖石純銀戒指

Step 2

找到好環境時，比如說山中的溪流或是海邊，將晶石握於手中，將晶石放至溪水或海水中，想像溪水或海水將晶石裡悲傷的磁場洗滌，一如洗滌你心中的痛苦悲傷，讓原本因失戀蒙塵的負面能量慢慢沖去，代替的是光彩奪目的白色光芒，因為白色光是最好的治療光。

Step 3

閉上眼睛,將晶石壓在胸前,開始想像已經恢復元氣的晶石,將白色光芒自手中充滿自己的全身,破碎的心慢慢癒合,恢復柔軟與光彩。

Step 4

這樣的程序可以重複運作,在任何你覺得可使心靈恢復的地點,儘量用大自然的力量,幫助恢復面對感情的勇氣與力量。

Step 5

上述階段結束後,睜開眼睛,將晶石置於兩手之間,想像它更晶瑩剔透、光彩奪目,最後再對晶石吹一口氣,感謝晶石的幫助,結束觀想。

Step 6

Crystal提醒您,進行觀想前需先作好原諒讓你失戀的人的心理準備,以寬容的心來面對。宇宙自然會藉著晶石將神祕的大自然力量輸入給你,放過別人就是放過自己,心存恨意是於事無補的,在大自然面前,人是這樣的渺小,有一天你會驕傲地說:「失戀啊?很久都沒碰過了。呵呵呵!」

Crystal的晶石飾品運用貼心建議

不小心失戀了嗎?趕快換個亮眼新造型,把失戀的沮喪重新振作,只有完全了斷舊情,緣才會有全新的開始哦!以下是Crystal在造型搭配上的重點建議:

項鍊

失戀的你戴上可以開發智慧的紫晶墜子,可讓你看清戀愛失敗的原因,從失敗中記取教訓。可使頭腦冷靜清晰的藍色晶石,如青金石、天青石等,也能讓你不會陷入自憐自艾的窠臼中。如

鈦晶項鍊

果缺乏慧劍斬情絲的魄力，則可以佩帶髮晶或鈦晶增加勇氣與膽識，讓你跟那「無緣的」勇敢說再見！

手鍊

即使分手了，對方如果仍陰魂不散、苦苦糾纏怎麼辦呢？戴瑩石手鍊就可以擺脫這種「勾勾纏」的困境！

其他

讓因失戀而身心俱疲的自己好好泡個澡吧！泡澡時將晶石或晶球放進水裡，加上好聞的精油與浴鹽，將失戀的霉氣毒素洗掉，並同時觀想晶石的能量發出白光，由內到外洗滌你的全身並重新充電。每天早上六點到八點儘量讓自己曬五分鐘以上的太陽，以消除前次戀情的晦氣，一陣子後，自然能重新出發！

給已婚族的幸福水晶密法

度一輩子的蜜月——維持美滿婚姻的晶石運用

所有的人都應該跟Crystal一樣，希望能擁有美滿的婚姻，尤其在現今外在環境誘惑極大的情況下，據統計婚後的第一年、第四年，還有俗稱七年之癢的第七年最容易出狀況，如何避免呢？Crystal提供一些可以避免婚姻不安全期出現的招數給各位已婚族。

臥室佈置

首先從整棟屋子的屋型來看，西南角若有缺則代表住在此屋的人婚姻可能會出現問題，可在西南角放上紫晶洞，洞裡放顆粉晶球化煞，可以化解一些危機。

　　另外主臥室的位置最好不要超出客廳的位置，也就是說以平面圖來看，主臥室的位置最好不要突出於客廳之前，否則主人會常常不在家，夜不歸營留連在外，最後另起爐灶、金屋藏嬌或紅杏出牆，感情當然就會慢慢變淡變質，買房子時要特別留意。

　　門其實也很有學問！一間屋子內如果有空門（有門框卻沒有門的叫空門），像有些室內設計故意設計一些裝飾好看的拱門等，在風水中就等於形成空門，這樣的空門如果在書房或餐廳、客廳就還好，如果在臥房就很容易讓家中夫妻其中一方容易等「空門」，獨守空閨很寂寞。

　　化解的方式是可在拱門上掛上用五色繩掛起來的水晶球，或是水晶碎石作成的珠簾，用水晶的磁場形成無形的「門」化解空門。

　　有一種狀況叫「吵架門」，最常發生在場地比較狹小的地方，像有些臥房內附衛浴設備或更衣室，但為配合狹小的空間，臥室門跟更衣室門或浴室門一打開會碰在一起，叫「吵架門」，這樣的狀況容易讓夫妻常有口角糾紛，容易吵架，屋內其他人也會有莫名其妙的語言衝突。可將一條紅線牽綁在兩個門把上，在中間的地方剪斷，讓紅繩自然垂掛在門把上便可稍微化解這樣的狀況。

平面示意圖

　　一個臥室等於一個小宇宙，佈置上的學問很多，首先要鞏固婚姻的話，臥室的窗最好不要選擇太大片玻璃的落地窗，雖然View很棒，但還是要裝上較厚的窗簾，否則光線太亮或變成有鏡子的效果，容易讓人潛意識有不安全感，睡不安穩，可能最後導致神經衰弱，容易為小事情生氣，影響感情！但窗簾的顏色要選淡而柔和一些的。

　　在臥室的北方很重要，因為主導著夫妻的性關係與互動，因此要避免放置火氣太大的東西，如打火機、電暖爐、熱水瓶等；可放置一些屬金的小東西，如純金或K金打造的紀念照、小擺飾，甚至保險箱、珠寶盒等，或金型的紫晶洞，對促進魚水之歡很有幫助，另外放置一盆水養的闊葉植物，盆中放進粉晶球或粉晶碎石也會有幫助。

　　夫妻倆的枕頭之間可擺放大顆心型粉晶，也可促進兩人心心相印的程度。臥室中也可大量運用粉紅色作為佈置的主色，有替夫妻感情加溫的效果！

　　枕頭、抱枕、被子甚至小擺飾等，最好也都儘量成雙成對，象徵兩人形影不離，出雙入對，如膠似漆的感情。

運用晶石維持美滿婚姻的觀想步驟：

Step 1

　　將夫妻兩人的甜蜜合照準備好，後面寫上婚姻美滿、白頭偕老、幸福快樂等吉祥話，並準備一盤淨化好的粉晶七星陣或是一顆全新的粉晶球，以及小顆粉紅色的晶石先行淨化，另外可增加忠誠與愛的海藍寶墜子也是不錯的選擇，再來找讓自己可靜下心來並不會被打擾的地方坐下。

Step 2

　　將晶石握於手中，凝視晶石，對晶石吹一口氣默想：「晶石晶石請幫助我。」

海藍寶圓球墜子

135

Step 3

　　閉上眼睛，將晶石壓在胸前，開始想像自己與你的另一半恩愛相處，鶼鰈情深的情況，並在心中默念照片後的吉祥話七遍。

Step 4

　　想像空氣裡飄著玫瑰花香，以及粉紅色的光芒充滿整間屋子及你的全身。

Step 5

　　上述階段結束後，睜開眼睛，將晶石置於兩手之間，想像它更晶瑩剔透、光彩奪目。最後再對晶石吹一口氣，感謝晶石的幫助，結束觀想。

Step 6

　　找出家中位於東南方的隱密位置，將夫妻合照壓在粉晶七星陣或粉晶球下，左手懸在七星陣上開始觀想七星陣的七顆晶球，或晶柱發出粉紅色的光芒，合成一個巨大的氣柱，擴大充滿整棟房子。

　　將小顆粉紅色晶石或者海藍寶墜子作為你婚姻的保護石，隨身攜帶，也可給你的伴侶一個隨身攜帶，除了你自己外不給他人碰觸，如果是墜子的話，可以在發生疑惑時用來作為靈擺問事，並提供直覺上的答案。

♥Crystal的晶石飾品運用貼心建議

項鍊

　　避免佩帶金飾，多佩帶感情力量豐富的銀飾，加上粉晶或玫瑰碧璽的組合，挽住他的心。

你「性」福嗎？——如何運用晶石促進閨房情趣？

婚姻生活不美滿有很大的部分原因出在性生活不協調，想要加強床上的和諧，千萬不要忽略了婚姻中這重要的部分。尤其床上不美滿，有時並不是生理上的問題而是出自於心理的障礙，什麼情趣用品也幫不上忙。該怎麼辦呢？ Crystal有以下建議。

臥室佈置

除了在臥室中放置最喜歡男歡女愛頻率的粉晶外，放置一顆內含水的「水瑪瑙石」更能增進魚水之歡的快樂。

運用晶石創造「性」福的觀想步驟：

煙晶貔貅版珠手珠

Step 1

找一顆全新的粉晶或鮭魚紅色的菱錳礦，另外找串漂亮的石榴石手珠，如果也想加強男性的性能力，也可找一串煙晶手珠，將以上晶石全部徹底淨化後，在臥室內找讓自己可靜下心來並且不會被打擾的地方坐下。

Step 2

將晶石握於手中，凝視晶石，對晶石吹一口氣，默想：「晶石晶石請幫助我。」

Step 3

閉上眼睛，將晶石壓在胸前，開始想像自己與你的另一半纏綿，你儂我儂嘿咻「炒飯」的情況……（大家應該看得懂吧？自己發揮想像力，我不好意思講太多啦！）

Step 4

想像空氣裡飄著玫瑰花香，以及粉紅色的光芒充滿整間房間、床鋪及你的全身。

Step 5

上述階段結束後，睜開眼睛，將晶石置於兩手之間，想像它更晶瑩剔透、光彩奪目。最後再對晶石吹一口氣，感謝晶石的幫助，結束觀想。

Step 6

將此顆粉晶石或菱錳礦置於兩人的枕頭之間，並將石榴石配戴於女性左手腕，煙晶手珠讓男性配戴，各自散發性感魅力，並對應海底輪，自然會有效果出現哦！不過可不要心懷不軌，將此法用在不該用的人身上。

Crystal的晶石飾品運用貼心建議

手鍊

男士想要增強性能力，如上述可以貼身佩帶黑曜石、黑隕石或煙晶的手珠。如果想要在很短的時間內變成「一尾活龍」，則可以運用黑色晶石作成的大衛星或原礦，用透氣膠帶貼在肚臍下的丹田部位，據說有比威而剛更好的效果。

紅髮晶版珠手鍊

女性可佩帶石榴石、紅玉髓以及俗稱維納斯水晶的紅髮晶或紅兔毛水晶，不僅可將每月的天然災害期調得順順順，氣血循環更好，氣色更紅潤外，相對地也可以提高興荷爾蒙的分泌，讓你的男人很想咬你一口，「性」福無比！

項鍊

什麼事過之或不及都不好，如果性慾太強怎麼辦呢？那可也很讓人受不了呢，那麼就戴個可以讓你冷靜下來的天青石或青金石墜子或手珠吧，讓涼涼的藍色降溫你的欲望，在作出衝動的事情之前冷靜想想吧！

小三不要來 —— 防止外遇發生的晶石運用

　　好久以前Crystal單身時曾看過一篇文章，說女人一結婚後就變成一個足球場上的守門員，一結婚就開始守望著丈夫，怕外遇對像的敵手射門，一不小心給得了分，終其一生都在這樣的擔心害怕中度過。Crystal那時讀後感觸好深，覺得還是不結婚好了，當一輩子的守門員太辛苦了。

　　如今嫁作人妻好幾年，感覺還好，沒那麼嚴重，可是看到現在的社會亂七八糟的，電視新聞裡千奇百怪的外遇事件層出不窮，難怪現今為人太太的會擔心，因為誘惑實在太多了。那麼該怎樣防止外遇 —— 小三的發生呢？

　　除了夫妻倆人共同成長、互相體諒，養成共同的興趣，並注意住的房子一些應注意的事項。如果不幸另一半真的很花心，在外面受不了誘惑，那麼可以運用以下方法避免外遇發生。

臥室佈置

黑曜岩狐狸造型墜子

1. 針對防止男主人外遇，臥室裡代表男主人的西北方需經常保持乾淨整潔，不可髒亂，這樣男主人才能安穩留在家中，不會向外發展。

2. 臥室或房子的西南方則代表女主人，臥室中可放置梳妝台，以及屬於女主人的物件，加上一個粉晶七星陣或大顆粉晶球等粉紅色的擺設更有力，讓男主人喜歡回家，不會夜不歸營。

3. 東南方放置夫妻兩人的甜蜜合照，及可穩固感情的紫晶洞，加強夫妻兩人的聯繫力。

4. 北方也可以掛夫妻兩人的合照或全家福，用木質的相框框住，以增強男主人對家庭的向心力。

(5) 臥室內的燈最好用暖色的燈光，避免用日光燈，西邊可放錢包或金融卡，代表以家庭的溫暖圈住男主人的心，不會在外面亂花錢養女人。

(6) 東邊則可放置電視等電氣用品，東北邊則可放置儲物櫃，內裝舊衣物及雜物，可以讓第三者知難而退。

(7) 臥室中的電氣用品能不放儘量不放，也要儘量避免放置任何魚缸、盆栽等屬水的物品。如果放了花瓶，一定要常常換置新鮮美麗的鮮花，以粉紅色並象徵愛情的玫瑰，或有百年好合意義的香水百合花爲上選，另外鏡子尤其注意不要照到床，無法改變的話至少要拿塊布遮一遮擋一下。

運用晶石避免外遇發生的觀想步驟：

Step 1

找一顆全新的黑曜岩葫蘆或狐狸造型墜子（專門降伏狐狸精用）徹底淨化。淨化後，找讓自己可靜下心來並不會被打擾的地方坐下。

Step 2

將黑曜岩葫蘆握於手中，凝視黑曜岩，對黑曜岩吹一口氣，默想：「晶石晶石請幫助我。」

Step 3

閉上眼睛，將晶石壓在胸前，開始想像自己與你的配偶恩愛相處，鶼鰈情深的情況，並想像黑曜岩將不好的桃花的黑氣吸收進黑曜岩，並自黑曜岩中發散出白色光芒，將你與你的另一半罩住，形成金鐘罩一般的保護層，不被外力入侵。

Step 4

上述階段結束後，睜開眼睛，將黑曜岩置於兩手之間，想像更晶瑩剔透、光彩奪目。最後再對黑曜岩吹一口氣，感謝黑曜岩的幫助，結束觀想。

Step 5

將此黑曜岩作爲你配偶隨身攜帶的貼身保護石，除了你自己與配偶外，不給他人碰觸。黑曜岩有收服爛桃花之用哦！

Crystal的晶石飾品運用貼心建議

手鍊

多佩帶感情力量豐富的銀飾，加上粉晶或玫瑰碧璽等粉紅色寶石的組合。另外珍珠飾品也會是挽住他的心的最佳選擇。

最適合正宮配戴的紅寶石則可以做成手鍊戴在右手，或是作成項鍊墜子戴在胸前，你那雍容華貴的美麗風采一定戰勝那外面的狐狸精。

身心疲累時，可以補充體力與元氣的石榴石是不可或缺的夥伴，它會陪伴你打贏這一仗！

如彩虹般多色的碧璽以純銀鍍K金鑲成手環

幸運草的花樣有扭轉乾坤的威力，感情出現危機時可以選擇它來發揮魔力！

其他

每天泡個加了天然浴鹽或粗鹽的澡，天然鹽有去邪化煞的好功用，可比幫助驅除壞運，恢復好運道！

家和萬事興 ── 與其他家人相處的晶石

俗話說「家和萬事興」，婚姻中除了配偶外，可能還有其他的成員加入，比如說公公婆婆、子女、妯娌連襟等，有時他們也會是主宰這婚姻幸福的重要因素之一。如何運用晶石加強你的人際關係，讓你成爲公婆疼、老公愛的好媳婦呢？

居家佈置

含有白色犬牙方解石
共生的小型紫晶洞

1. 在全家人最常聚集的地方，比如說客廳的電視櫃上，擺放一顆紫晶洞，高度大約等於人坐下來可以對應到頭部的高度，並在其中擺放一顆大顆的粉晶球，不但可以藉紫晶的力量聚集人氣，讓家人喜歡聚在一起聊聊天溝通，並且也因為粉晶的力量而更有愛心耐心，彼此寬容相處。除此之外不只在看電視時增知識，還能因紫晶的磁場開智慧呢，一舉數得！

2. 除了客廳外也可以在書房或小孩的書桌上放置紫晶球或紫晶七星陣，同樣可以開發智慧，讓小朋友更乖巧懂事，記憶力與集中力更強，不會心野野的一直想到外面趴趴走。

3. 在家中擺放金木水火土五個不同形狀的紫晶洞，家中必出狀元。不過這需要一點功夫，當然投資應該也會不少，望子成龍、望女成鳳的父母可以試試看。

> **運用晶石與其他家人和樂相處的觀想步驟：**

Step 1

　　將全家的全家福照片準備好，後面寫上全家和樂、相處融洽、家和萬事興等吉祥話，並準備一盤淨化好的粉晶七星陣，凝視水晶，對水晶吹一口氣默想：「晶石晶石請幫助我。」

Step 2

　　找出家中位於東方的隱密位置，將全家福照片壓在粉晶七星陣下，左手懸在七星陣上開始觀想七星陣的七顆晶球或晶柱發出粉紅色的光芒，合成一個巨大的氣柱，像龍捲風般射出，擴大充滿整棟房子。

Step 3

觀想全家和樂相處、歡笑滿室、父慈子孝、兄友弟恭、和樂融融的景象，並在心中默念照片後的吉祥話七遍。

Step 4

上述階段結束後，睜開眼睛，想像晶石更晶瑩剔透、光彩奪目，最後再對晶石吹一口氣，感謝晶石的幫助，結束觀想。

Step 5

之後儘量不去動這個七星陣，一段時間後憑直覺決定重新淨化再觀想一次，持續不斷。

♥ Crystal的晶石飾品運用貼心建議

(1) 想要與家人相處良好，必須加強溝通及表達能力。可在頸間佩帶青金石或拓帕石等藍色寶石墜子項鍊，可對應喉輪，增加語言表達的能力，避免誤會或衝突。

(2) 若婚姻中有複雜的人際關係，如需與前妻或前夫所生的子女一起生活等，可以佩帶有協調石之稱的紫黃晶，紓解複雜的人際關係。

(3) 小朋友佩帶青金石或琥珀可保平安，佩帶瑪瑙則可避免代溝產生，增進溝通。

紫黃色並存的紫黃晶手珠

143

你會「做人」嗎？—— 早生貴子的晶石運用

　　一個完整的家庭除了夫妻兩人外，當然要有小朋友的參與，Crystal提供幾個求子妙方給大家參考，加油！

臥房佈置

①　想生男臥室最好設在屋子北方位，裝潢重點在屋子東方。臥室內的北、東北、東側可放活潑男子或男寶寶的畫像或海報，梳妝台擺南方，檯燈燈罩採布質。房內裝飾結黃色果實的樹或淡色花卉。地板最好鋪上原木地板，陽剛氣重易生男孩。

②　想生女孩則相反，臥房最好設於屋子南方位，裝潢則集中於西、西南，南、東南。牆壁及窗簾採淺咖啡色系。臥房入口可放石榴樹或粉紅色的花，製造陰柔之氣，易生女孩。

③　臥房內家具不可任意搬動，床下不可勤加打掃，以免動了床氣，因為水太清則無魚呀。床下擺一組黑曜石球七星陣，有助於加強求子的磁場動力！

④　有種說法是床頭櫃要擺顆幸運竹，帶來好運！但又有另一種說法是：臥房內不能放觀葉植物，因為不會開花結子。

⑤　寵物不可在臥房中同睡，尤其是狗狗或貓咪，因為它們界於陰陽兩界，會嚇跑前來投胎的寶寶。

運用晶石早生貴子的觀想步驟：

Step 1
　　找一顆的黑色或紅色的晶石徹底淨化，在臥室內的床上躺下。

黑碧璽原礦石

Step 2

　　對晶石吹一口氣，默想：「晶石晶石請幫助我。」將晶石置於相對於子宮位置的肚皮上，感受晶石的存在。

Step 3

　　閉上眼睛，開始想像白色光進入黑曜石中，晶石在子宮內發射出白色光芒，也可同時將煙晶柱放在腳底，尖端抵住腳掌，想像白色光將負面的黑氣排出，由煙晶吸收化解，這樣的觀想讓人們能更輕鬆健康地接受他們的性器官，並進而喜歡他們的性器官。

Step 4

　　上述階段結束後，睜開眼睛，將晶石置於兩手之間，想像它更晶瑩剔透，光彩奪目，最後再對晶石吹一口氣，感謝晶石的幫助，結束觀想。

Step 5

　　黑曜石有極強的吸收負面力量的作用，因此也容易吸收別人的晦氣，因此要常加淨化，黑色及紅色晶石也比較不適合戴在高於心輪的部位，體積小比較沒關係，但有些人會因而覺得心臟壓力較大有不適感，要特別注意！

Crystal的晶石飾品運用貼心建議

　　據說想要生寶寶的夫妻，先生要把後面的頭髮剃短短的，以示犧牲的決心（Crystal很佩服這樣的決心與勇氣），太太則要在胸前佩帶一個心型的粉晶，表示想給予真愛。

心型粉晶項鍊

虎眼石長方版珠手珠

不孕的朋友要多戴黑色或紅色的晶石，如黑曜石、黑隕石、煙晶以及石榴石、紅玉髓、紅兔毛水晶、紅髮水晶等。另外虎眼石也有不錯的功用，可以加強男性海底輪（睪丸、陰莖部位）以及女性臍輪（子宮、卵巢）的生殖能力以及勇氣。

可將黑曜石作成腳鍊掛在腳踝，可將負面能量導致腳底排出，也能防止風流韻事發生。

晶石與十二星座愛情運的非常關係

你的對象是什麼星座的呢？有什麼特質呢？約會時戴什麼水晶最能吸引他（她）呢？

對應水晶
適用於戀愛初期，形成與對象最接近的特質，容易接近。

互補水晶
適用於戀愛後期，具備對象最缺乏的特性，吸引對方，形成互補。
所以當你的對象是以下星座時，你可以這樣運用。

當你的對象是

牡羊座（3/21~4/20）
屬火象星座：積極向上，有熱情具勇氣，行動力強。
對應：紅色光。
對應水晶：紅瑪瑙、石榴石著。
互補水晶：紫晶、舒俱來石、青金石、藍銅礦、藍寶石等。

金牛座（4/21~5/21）

屬土象星座：安定實際，富責任感及意志力，有耐心，品味高。

對應：綠色光。

對應水晶：綠幽靈、綠髮晶、捷克隕石、孔雀石等。

互補水晶：因為綠光對應位於人體七輪脈中最平衡的心輪，因此本身並無互補的水晶，但同樣可運用粉晶、綠幽靈等粉紅色或綠色寶石來加強特質。

雙子座（5/22~6/21）

屬風象星座：好奇善變，反應快，好表現，令人捉摸不定。

對應：白色光。

對應水晶：透明白水晶、黃水晶、藍琉璃等。

互補水晶：石榴石、紅寶石、煙晶、黑曜石等。

巨蟹座（6/22~7/22）

屬水象星座：溫和顧家，人緣好、適應力佳，願意付出，習慣照顧他人。

對應：茶色光。

對應水晶：茶晶、煙晶等。

互補水晶：白水晶、紫晶、舒俱來石等。

獅子座（7/23~8/23）

屬火象星座：有領袖氣質，組織力及自尊心皆強，慷慨熱情。

對應：金黃色光。

對應水晶：鈦晶、黃晶、黃玉等。

互補水晶：青金石、拓帕石、天青石、藍琉璃、藍寶石等。

處女座（**8/24~9/23**）

屬土象星座：完美主義，聰明細心，觀察力強，對數字極敏感。

對應：藍色光。

對應水晶：藍琉璃、藍寶石、天青石，青金石，拓帕石等。

互補水晶：鈦晶、黃晶、黃玉等。

天秤座（**9/24~10/23**）

屬風象星座：講求公平，平衡感佳，社交性強，處世中庸理性，忠誠度極高。

對應：白色光。

對應水晶：透明水晶，尤其是白水晶及各式髮晶等。

互補水晶：石榴石、紅寶石、煙晶、黑曜石等紅色或黑色寶石等。

天蠍座（**10/24~11/22**）

屬水象星座：神祕嫵媚，好奇心強，外冷內熱，愛恨分明，容易記仇。

對應：橙色光。

對應水晶：兔毛水晶、紅髮晶、紅玉髓等。

互補水晶：紫晶、舒俱來石、青金石等。

射手座（**11/23~12/21**）

屬火象星座：樂觀活潑，大方講義氣，好冒險，不受拘束。

對應：紅色光。

對應水晶：玫瑰碧璽、紅髮晶等。

互補水晶：白水晶、紫晶、舒俱來石等。

魔羯座（12/22~1/20）

屬土象星座：一板一眼，認真負責，刻苦耐勞，平穩內斂，堅毅。

對應：茶色光。

對應水晶：茶晶、煙晶、黑髮晶等。

互補水晶：白水晶、紫晶、舒俱來石等。

水瓶座（1/21~2/19）

屬風象星座：有藝術氣質，改革性及創意皆強，比較自戀。

對應：紫色光。

對應水晶：紫晶、紫黃晶、舒俱來石等。

互補水晶：黃水晶、紅兔毛水晶、紅玉髓、紅瑪瑙等。

雙魚座（2/20~3/20）

屬水象星座：浪漫主義，幻想空間人，個性隨和。

對應：粉紅色光。

對應水晶：粉晶、粉玉髓等。

互補水晶：綠幽靈、綠髮晶、捷克隕石等。

飲食水晶

① 水晶水的妙用

　　水晶水是什麼？簡單的說就是將天然水晶浸在水中一段時間後所得來的水，有種說法是因為水分子已被水晶肉眼看不見的振動頻率給振得更小，所以更容易讓人體的細胞壁吸收，雖然仍待證實，但很有實驗精神的Crystal及朋友們試喝過後一般都覺得，泡過水晶的水喝起來水質更順口也更甘甜喔。

　　水是很好的傳導體，水晶在水中產生的震動頻律，被水保存下來，喝進人體後，便成為有效的平衡劑，而因為人體中有70-80%為水分，這些水分受到了水晶精華的影響，也會改變震動的頻率，身體的狀況也會同時受到影響。

　　中醫常說，幾乎所有的病症皆起源於氣血不通，所以武俠小說裡只要打通任督二脈，練武的人就可以增加一甲子的武功哦，所以呢所謂的氣血不通，其實就是在身體的一些能量中心，有人稱輪穴（海底輪，臍輪，太陽輪，心輪，喉輪，眉輪，頂輪共七輪），出現黑氣漩渦，也就是負面的能量。中國人向來都能接受人體是有「氣」這回事的，我們常說──「看這人最近氣色很好，紅光滿面，一定有喜事來臨」，表示這人氣血暢通，身上充滿了正面的能量，所以就會吸引好康的事情來接近；或者有時候覺得──「哎！最近照鏡子覺得自己印堂發黑，面有菜色，要小心一點兒……」，這就是可能因壓力等各種因素導致身體健康發生狀況，氣血不通，負面能量產生，自然就可能會碰到種種倒楣的事嘍！

　　因此水晶水也許可以幫助我們修正人體器官的不協調，自然恢復應有的生機，甚至找回失去的健康。

　　如何製作水晶水呢？要先提醒大家，不是每種水晶都可以用來製作水晶水哦，一定要記得，凡是含有銅或含有易溶於水的有毒重金屬的晶石，千萬不可以用來浸泡製

作水晶水，否則重金屬溶出喝下去可是會出人命的！

有哪些不能用來泡水晶水的礦石呢？孔雀石、藍銅礦、孔雀矽石、綠松石等，基本上Crystal建議，凡是顏色強烈明顯的有色礦石，儘量不用。可用來製作水晶水的水晶推薦下列幾種——

①　茶晶——半透明茶色的水晶，可將人體的能量穩定下來，變得更有力量。

②　芙蓉晶——就是粉晶，可平衡穩定情緒，平復感情受到過度刺激後的失意與痛苦，治療失戀最有效。

③　白水晶——俗稱晶王，浸泡前先將訊息傳達給白水晶，任何方面都可以用得上，Crystal最常泡來喝的就是白水晶水。

④　黃水晶——黃水晶水不能帶來財富，但能開發太陽輪，令人處事有清晰有條理。

⑤　紫水晶——打坐前喝少許，幫助入定，有助靈性（形而上）的提昇。

⑥　紅寶石或石榴紅石——增加熱情與刺激，驅除心靈與肉體的冷漠。

⑦　水藍寶石——幫助開發語言能力，特別適合用於有語言障礙的孩童。

⑧　碧璽——粉紅色碧璽可安定情緒，綠色及西瓜碧璽有治療功效。

準備工具

做水晶水需要的工具——蒸餾水一瓶，玻璃密封瓶數個，濾網，四枝白水晶柱及滴棒。

製作方法

① 將晶石做徹底的淨化清潔。

② 將晶石及適量的蒸餾水（蓋過晶石）倒入密封瓶，放在陽光下曬3-5小時，最好是上午十點至下午兩點的陽光。

③ 將四枝白晶柱放平在瓶子四周（上下左右），柱尖朝瓶子。

④ 若自己有水晶墜子，可以掛在K金鍊子或天然材質繩子上成為靈擺，將靈擺懸在瓶子上順時鐘方向旋轉幾圈，啟動磁場。

⑤ 陽光與月光都能充電，將水晶的能量充分釋放出來。比如說中秋節，月亮特別大且圓，開車的人甚至可以不必開遠光燈，用這樣的月光來製作水晶水，效果一定特別好哦！

⑥ 一般來說浸泡3天就夠了，泡好的水晶精華，用濾網過濾後儲存起來，若需長期飲用，為防止變壞，可以35CC的水晶水加15CC白蘭地的比例儲存，冷的米酒也可以，放入冰箱儲存。

⑦ 做好後最好用較不透光的深顏色玻璃瓶保存，如花精或植物精油一般，仍可貼好標籤，放在窗邊繼續接受陽光月光的洗禮，但不適合強烈陽光直射，如果可以盡量於一週內使用完畢，不然可在冰箱中冷藏保存，取用時最好滴管吸取，避免手指直接碰觸，以延長其使用期限。

這樣費功夫做好的水晶水我們稱之為水晶精華液，如果覺得這樣做很麻煩，那可以先將晶石洗淨，用熱開水燙過消毒，然後放進冷開水瓶裡，加上煮過放冷的開水，或是可飲用的乾淨礦泉水或濾過水，泡個半天也可以成為可直接飲用的水晶水嚕。

濾水壺　　蒸餾水　玻璃密封瓶　4根白水晶柱　滴水棒.

最佳淨化充電時間
AM 10:00
↓
PM 2:00

白水晶柱
柱尖朝瓶子

順時鐘方向旋轉幾圈
啟動磁場

- ☀ ☽ 都能充電

- 浸泡3天就夠了. 使用濾網 ▦ 後請存起來

- 用較不透光的深顏色玻璃瓶保存. (盡量於一週內使用完畢)
  取用時最好用滴管 🔖 吸取.

做好了水晶精華液後，當然得好好使用它嚕！有很多不同的用法，比如說：

粉晶、白水晶、紫水晶能量手工皂

1. 飲用法——如果要飲用，當然就得很注意製作過程的衛生，早上起床後，滴兩滴在早餐的飲料中，空腹時飲用，最能吸收，可幫助你增強活力，提昇情緒。

   另外也可滴兩滴到開水瓶中，平常飲用。水晶水會運用一些肉眼難以察覺，也檢驗不出的宇宙力量調理身心，絕無副作用，服用後再做簡單的觀想，效果更好。

2. 擦抹法——使用月光照過的粉晶水晶水，或用以下製皂法所述，以粉晶能量水及粉晶小晶石搭配對應植物精油與花精製成的水晶能量皂，直接用來洗臉或加上如上所述一定比例的白蘭地可長期保存，用來當化妝水用美容養顏的效果超棒喔！

3. 沐浴法——將水晶水滴在浴缸中做泡浴，泡浴時自我觀想——身心不好的黑氣濁氣都排出，繼而被水晶的白光充斥整個身體，有恢復青春、改善情緒的功用哦！

4. 製皂法——Crystal有位好朋友暱稱「桃子」Momo——詹千慧，是出過《家有手工皂》一書的專業手工皂老師，也是花精與精油的專家，我們一起研發出用各種不同晶石的水晶能量水，過程中當然會添加我們虔誠的祝福能量嚕，加上對應的精油或者花精，加上晶石所製作而成的水晶能量手工皂！

經過好幾位像我跟桃子一樣對能量敏感體質的朋友親身使用的測試，發現加上這些複方所製成的水晶能量手工皂，洗浴過後身體自然散發出天然的花香外，還有種特殊的感受，比方說以橄欖油加上依蘭、山機椒、苦橙葉等植物精油與粉晶能量水及琢磨過的粉晶小晶石製成的粉晶能量皂洗澡，洗完後身體像罩上一層粉紅色的光，心輪能量漸漸地溫暖放鬆並且擴大增強，不自覺地開心起來……洗過後身體的能量可以幫助增加好人緣、好人氣順便去角質呢！

紫晶能量皂則除了薰衣草、乳油木果、馬鬱蘭、岩蘭草等精油，更加入巴赫花精，同樣以繁複方法製造出來的紫晶能量水及紫晶小石製成，可讓沐浴過的人情緒穩定放鬆，容易入睡，對應的眉輪則能量增強，對事情的判斷冷靜沉穩，提高自信與智慧，增加集中力與注意力，連直覺力都有提升的幫助。

更特殊的以晶中之王——白水晶能量水及小晶石搭配真正薰衣草、乳香、蘭膠尤加利等植物精油，以及巴赫花精等製成白水晶能量皂，在沐浴浸泡前先觀想輸入訊息給皂中的白水晶，甚至可應使用者的需求觀想不同色光以對應不同輪脈，除了白水晶本身避邪化煞聚氣的功效外，還能像艾草皂一樣淨化自身氣場，讓您神清氣爽，心想事成喔！

其他晶石的手工皂我們還在陸續開發中，這些真正的「水晶皂」開發的有趣過程讓我們驚喜連連，樸實無華的手工皂外表，卻散發著無可言喻的強大能量！真是奇妙呀！

談了這麼多水晶水的運用方法，但功效如何？取決於一個非常重要的前提——跟晶石的運用一樣，請相信它的功效，若心存懷疑，效果就會打上很大的折扣。生於這個時代的我們就這樣透過水晶水輕鬆地將宇宙的能量運用在生活中，真是幸福呀！

② 水晶與食物

Crystal當年還住在台北時認識一位社區裡的媽媽，她說她先生罹患癌症已經十多年，十多年前剛知道先生罹患癌症時，醫生告知只剩下約一年的生命，她聽了真是如晴天霹靂一般，不敢置信，但不服輸的她始終沒有放棄先生，想盡各種方法向癌症挑戰。

除了配合醫生指示進行治療外，她開始在食物方面著手，希望藉食療的方法改善先生體質，增加對癌細胞的抵抗力，因此她極為嚴格地控制食物的品質，儘量避免一切可能有害的食物，如可能殘留農藥的蔬果，容易致癌的食物等。

但十多年前不像現今環保意識抬頭，大家都會注意一些有關健康的訊息，那時甚至買不到所謂有機蔬菜，除非是自己種。在這樣的環境下，這位媽媽又是如何利用水晶靈擺辨別食物的好壞，進行她嚴格的食物管理，讓先生多活十幾年到現在仍健在安好呢？

靈擺的神奇在於它可以藉由擺動方向的不同，辨別出事情或物質的正負兩面，以我們身處的北半球來說——正面的，好的、積極的、善良的、有生命力的靈擺多是順時鐘轉。負面的、壞的、消極的、不良的、腐敗中的靈擺多是逆時鐘轉這樣的現象。正如北半球溪流海洋裡的漩渦，甚至抽水馬桶、洗臉盆的水流方向必定是順時鐘轉的道理一樣，若是南半球就剛好相反，這是地球的大磁場影響因此，當我們將靈擺懸在某物質之上，將精神集中，不去預設答案，以免自己的念力影響答案，若這物質個體是正面的，健康的、好的，那麼靈擺就會往順時鐘方向轉，反之就向逆時鐘方向轉，就可以很容易的分辨好壞優劣了。

那位社區媽媽就是利用了這樣的方法，任何食物一定都要經過靈擺的測試，順時鐘轉的才食用，逆時鐘的就捨棄，十幾年來徹底實施的結果就是這樣多換回了先生十幾年的生命，您想不想試試看呢？

另外日本人也很流行在煮飯時，在洗好的米中放入幾塊黑碧璽一塊放進電鍋中煮，據說煮出來的米能量很好，吃到體內可以增強體力，並且消除米中的有害物質，Crystal也如法炮製煮了好一陣子的黑碧璽飯，吃了感覺真的挺不錯唷！

另外用高級礦泉水來製造水晶水（做法請參考本書）水晶水的妙用」一文），烹煮食物或泡茶時將水晶水加入，一同進食，也有效果。

黑碧璽球

♥ 時尚水晶

紅碧璽橄欖石
雙色鑲鑽墜子

① 如何配戴晶石飾品讓你更有魅力

　　由於女孩子比較有機會佩帶首飾，所以也比較能讓水晶的魔力在身上運作。男性同樣可以運用晶石的能量來達成願望，不僅如此，近年來晶石的設計已經跳脫原先的傳統方式，多種色澤的美麗寶石成為全世界珠寶設計師的謬思女神，連世界各大名牌珠寶或服飾，在看膩了鑽石單調的透明閃亮後，都開始設計製造出以繽紛色彩的半寶石為主題的時尚珠寶，其中以有著非常特殊湖水綠或經典電氣藍，（electrical blue）的帕拉伊巴（Paraiba）碧璽。

（electrical blue）經典電氣
藍色的 Paraiba 碧璽戒指

湖水綠 Paraiba 碧璽戒指

　　艷麗如紅寶石般的紅寶碧璽，月光石甚至拓跋石等為新寵，穿戴在許多名人身上，出席各種大型頒獎典禮或者宴會中，吸睛效果十足，更成為時尚的最新趨勢。

　　Crystal的好友珠寶設計師Kevin柯，除了以上提及的寶石外，也運用已達半寶石品相的水晶（如星光級粉晶、紫晶、黃水晶等）、寶光內蘊的冰種玉及翡翠，還有尖晶石、葡萄石、橄欖石、南洋珍珠以及東台灣獨特的台灣藍寶等，搭配閃亮鑽石或彩鑽、剛玉，以金色，銀色或黑色K金鑲崁，設計製作出獨特優美的珠寶飾品，深得網友們的喜愛！

珊瑚蛋面珍珠墜子

面對這麼多精采的選擇時，該如何配戴搭配，才能除了增加自身的美感品味外，還能將寶石的能量也能發揚光大，達成我們的願望呢？

台灣藍寶雙心鑲鑽耳環

除了針對自己的臉型、身材、氣質與服裝還有場合挑選最適合的時尚外，也要注意一下這晶石的能量是否符合本身的性格呢？

其實在本書前段的招財水晶與愛情水晶中Crystal就已經分享了不少自己多年來配戴寶石的心得，但在「時尚水晶」一章中，Crystal再補充一點資訊。

比方說針對項鍊的搭配上，如果不是針對愛情的部分，配戴墜子的形狀也有講究，得看佩掛的人個性及需求有所區分。

翡翠心型鑲鑽墜子

紅寶碧璽蛋面鑲彩鑽戒指

圓形、水滴型墜子

適合不善表達，個性過於直率的人，可使人變得較圓滑柔和，八面玲瓏有人緣。

長方形、梯形墜子

適合好高騖遠、不切實際的人，讓人做事可以腳踏實地，實事求是，穩重沉著。

三角形或單尖、雙尖墜子

適合個性懶散沒有衝勁的人，可以幫助加強氣魄，改正懶散的習性。

鈦晶黑K金鑲鑽戒指

② 晶石飾品的收納與保存

　　水晶飾品收藏多了，如何收納保存又是個學問，Crystal在這兒提供幾個建議給大家，也是我自己的經驗，希望能讓大家的晶石們都能被收藏照顧得妥貼喔。

①　收藏晶石飾品最好的方法是準備一個份量夠大夠深（至少三公斤以上）的紫晶洞或聚寶盆，將所有平常沒戴上的晶品放進去，又可以淨化又可以保存，一舉兩得唷。

②　若無紫晶洞或聚寶盆，則可用個漂亮的器皿擺放著，用晶石碎石來擺放晶品能量較分散，不僅無法幫你淨化，碎石本身也要經常淨化才行，而且這樣的話恐怕容易沾染灰塵，不如準備一個乾淨的抽屜或是一個不容易被動到的乾淨地方來擺放可能還比較好。

③　如果晶品種類真的很多，可能得更專業一點，比方說台北後火車站有很多賣首飾盒或包裝器材的地方，他們也賣門擺放手鍊的「漢嘎」（這是專用術語喔），或是放一整排戒指的絨布台，以及掛耳環或項鍊的「人台」（又是另一種術語），分門別類地整理擺放，戴的時候會省掉許多尋找的時間，飾品也不容易損壞變形，不過成本不算低就是。

純白圓潤的南洋真珠
鑲鑽花朵造型墜子

③ 歡喜自在戴水晶

　　戴水晶要戴得歡喜自在，不要被一些所謂的規定給弄得暈頭轉向的，其實沒那麼嚴重啦！

　　你只要掌握以下原則就可以戴水晶戴得很快樂：

①　自店家買回後一定要徹底淨化充電（如何做請看前文如何淨化天然水晶與如何爲天然水晶充電），因爲不是所有店家都會像Crystal這麼講究，一定淨化好才將水晶送出門。

②　掌握左進右出的原則─水晶因爲有磁場能量，因此適合戴在人體上可對應右腦的左手最好，因爲右腦主直覺與感情，邏輯等，對水晶的感應力比較強，可以較快改受到能量與訊息，這跟習慣用哪隻手沒關係，即使左撇子也一樣，不過左右腦平衡是最好啦。

冰種玉鑲彩鑽黑 K 金手環

　　至於右手，也可以戴水晶，但最好戴能吸收負面能量的晶石，如黑曜石等，因爲右手通常是排出能量，黑曜石可以助「一臂」之力。

　　另外也有人說粉晶也可以戴在右手，因爲可以散發吸引人的磁場，魅力大放送，不知效果如何？大家可以按自己的需要做安排試試看喔。

③　要如何戴水晶其實主人最清楚，只要你戴了不會不舒服就可以了，至於有沒有功效？千萬不要心急，想在短時間內就見到，要慢慢地感受，有時候我們覺得不順不見得是眞的不順，也許是一種伏筆喔，這樣說會不會太深了？

④　最重要的是 ── 戴水晶時自己要保持快樂愉悅的心情，要知道水晶是被動的、輔助的，你這位主人才是最大的一顆水晶，如果你戴上水晶自己一天到晚緊張兮兮，凡事都往負面想，水晶想幫你也難喔，記得一段時間（你是主人，所以時間長短自己決定）做一次淨化就好。

尖晶石黑 K 金鑲鑽耳環

　　平常多把玩你的水晶，握在左手感覺它的能量，可以用冥想或直接說話的方式與它溝通，儲存好的訊息給它，放鬆心情好好享受你與水晶的互動吧！

小朋友也可以配戴水晶嗎？

不只大人喜愛戴晶石飾品，連小朋友也很喜歡，有些家長也會問Crystal，他們家小朋友的體質對一些負面的能量場很敏感，常出去回來就半夜啼哭或身體不適等，這樣的小孩適合戴甚麼水晶呢？

我有很多朋友的小孩都是這樣敏感的體質，通常我會建議給他們配戴紫水晶或黑曜岩的墜子，因為手珠小朋友戴不住，很容易就會被抓下來，所以用最簡單的紅線繩綁住可愛的小墜子是最經濟也實在的戴法，洗澡也不用拿下。一直拿上拿下的小朋友會不舒服而且也不方便，髒了或舊了就換一條繩子。

建議紫晶的原因是紫晶除了自古以來一向被中外視為可護身的幸運符，可保護旅人出外平安，更能安定情緒，開發智慧，能量溫和持久，對小朋友不會有太大衝擊，即便是體質不敏感的小朋友也可以配戴。

黑曜岩則是公認辟邪化煞的效果最強，尤其對煞氣與負面能量以及病氣等。

一歲以上的孩子應該就可以戴水晶了，一歲以下怕太小有時能量太強難以承受，一定要戴的話也要好好觀察小朋友的反應，可慢慢增加佩帶的時間讓他們適應。

太小的小嬰兒如果想避免「半暝罵罵號」（台語）等類似情形發生，可以在嬰兒室中放置紫晶七星陣或小紫晶洞等來避邪化煞，還可以開發智慧，七星陣及紫晶洞自己都會有一定程度的自動淨化功能，可以比較放心。

紫晶球粉晶盤七星陣

♥ 風水水晶

　　水晶在生活及環境上的運用很多，尤其中國人一向講究風水，和能讓個人和家庭事業都能更順利吉祥、趨吉避邪的造運方法，Crystal在招財水晶與愛情水晶等文中已有相關的詳細敘述，除了這些運用方法外，在這個單元中再做一些相關資訊的補充。

① 水晶水的妙用

招財納福出狀元的紫晶洞

　　紫晶的代表晶品除了一般的晶球、晶柱、手珠、墜子等外，還有很多人喜歡且常見的紫晶洞，一座座大小不一，內蘊閃爍紫晶簇的紫晶洞，常吸引許多人的眼光。開採紫晶洞最原始的型態是一顆如球型般的原礦，一剖為二後，成為市面上常見的紫晶洞，據說兩邊晶洞有陰陽之分，用手探入洞中時，敏感的人可感受到一邊是溫熱的磁場能量，另一邊則是陰涼的磁場能量。若能收藏到一整對的紫晶洞可是非常幸運的，因為早在產地便已被拆散分開販賣。

　　一般巴西產的多為山狀，一剖而二成為人們口中的紫晶洞，但烏拉圭產的紫晶則大多呈塊狀，顏色也較深較紫，顆粒也較小，其磁場能量大小與顏色無絕對的關係，但因國人大多認為深紫色比較漂亮，因此市面上顏色較紫的紫晶價位也較高。

　　紫晶洞因為傳說有聚氣化煞，招財進寶的作用，所以廣泛被運用成改善陽宅風水的風水石。紫晶洞大小形狀各有不同，也各有特性。若以五行來分類，可分成：

（一）金型──呈三角型，就如古鐘般，下寬上窄。
（二）木型──呈修長長方型，如樹幹般。
（三）水型──呈下方穩定，上方作不規則波浪型，最罕見。
（四）火型──略似金型，下寬上窄的三角型，但頂端較金型尖銳，像火焰般的
　　　　　　　形狀。

（五）土型——四四方方，沉穩敦厚，又稱布袋型。

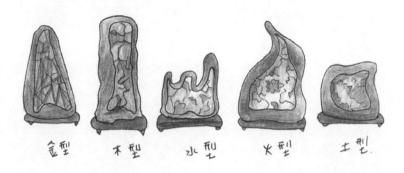

據說一間屋子中，若能將五種分屬金、木、水、火、土的紫晶洞適當擺置，火生土、土生金、金生水、水生木，剝換有情，便能成連珠順生之局，眞龍之脈，後代福澤無窮，家中兒孫會出狀元哦！

青金石大衛星墜子

　　兩組等邊三角形，以相反方向交疊在一起後所形成之六角形符號，對猶太民族來說極具深度宗教意義，是人類靈性與宇宙連結的象徵，稱爲「大衛之星」或「所羅門之璽」。下層的三角形代表肉體、人的生命活力，也代表下三輪——太陽輪、臍輪、海底輪。上層的三角象徵精神、人的靈性，也象徵上三輪——喉輪、眉輪、頂輪。兩個三角形交疊之處就是心輪所在。而大衛星圖騰就與金字塔一樣本身就有能量，若與晶石結合能量更能加乘，這也就是爲何晶石製成的大衛星墜子會如此受歡迎的緣故了。以此符號圖騰爲基準，六個角及中心點擺上晶柱或晶球，即叫「七星陣」。七星陣在水晶的運用上扮演很重要的角色！

七星陣之三角形的每個邊長必須儘量是「七」的倍數，但也不要太苛求，誤差不要太大就好，擺放七星陣之底座或底盤必須是天然材質，如金銀銅、木板、玻璃、陶瓷等，最好不要用塑膠、壓克力、樹脂等人工製品。否則只靠晶球間之互相震動，卻無法連結，效果便會打折。

擺在中間的晶柱或晶球因是主幹棟樑，體積必須是周圍六顆水晶的二至三倍大，最好七顆都是同一種水晶，頻率相同；不同水晶擺成七星陣，頻率會容易紊亂，效果打折。晶石七星陣之運用是想利用這樣的擺放，讓水晶之間互相激盪頻率，形成肉眼看不見的大氣柱，經過啓動後，聯結宇宙中更強大的力量，以達成心願。

擺放七星陣的方法眾說紛紜，我個人採取的方式很簡單，是先由上三輪的三角形（也就是尖端朝上的等邊三角形最上端那個點）先放小晶柱（或球），再按順時鐘方向依序擺放其他五個小晶柱（或球），最後再放中間最大的晶柱（或球），因為中間最大的晶石是用來串連所有七星陣晶石的能量，也是整個七星陣磁場相互振盪的中心點，放好之後再進行啓動與觀想。

白幽靈水晶七星陣，
下墊銅製七星盤

至於七星陣啟動結界，Crystal曾在書中看到啟動結界的方法，若是用其他天然材質的七星盤，如木製，因導電性沒有銅那麼強，所以將晶柱或晶球放好後，還要另用一根雙尖或單尖的晶柱，以尖端指住七星陣，由最上方的一顆開始懸空畫線做連結，這啟動的動線是一鼓作氣沒有中斷地來啟動該七星陣，方向及順序都有所規定。Crystal研究了好久，加上自己的實際操作體驗，發現這啟動的方式，很難用文字形容，因此特別在本書中以圖示來示範，希望這樣可以讓大家一目了然，只是每次擺放七星陣都要這樣行禮如儀啟動好麻煩，因此Crystal才千方百計找到銅製七星盤，導電性夠強，可以自動啟動，不必連結，非常方便！最後提醒大家，壓克力及塑膠做的七星盤為絕緣體，毫無導電效果，若真的要讓七星陣發揮功用，還是避免為宜。

七星陣是否需要啟動？哪種擺放方式才正確？其實沒有一定的答案，最重要還是在於擺放者的心念與信心，就讓自己的直覺來做決定吧。

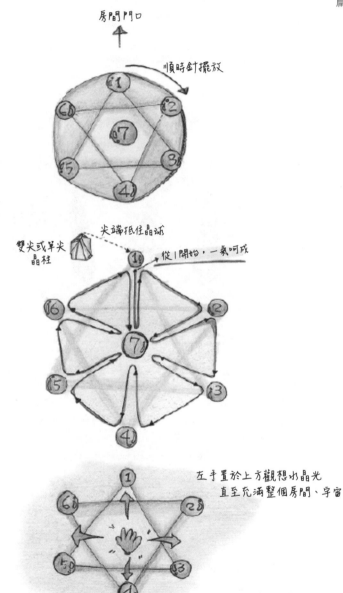

房間門口

順時針擺放

尖端抵住晶球

雙尖或單尖晶柱

從1開始，一氣呵成

左手置於上方觀想水晶光直至充滿整個房間、宇宙

典型的雙尖白水
晶純銀鑲靈擺

② 為人生作出最佳抉擇

● 神奇的靈擺

　　市面上販售的水晶靈擺，通常都長成一個錐形，有的是立體有許多刻面，上下兩端等長或不等長都可；有的沒有那麼多的刻角，保持晶柱的六角面體與雙尖或者維持晶石原礦的形狀加上銀製墜子頭；有些則呈扁平狀，但共同點都一定有個尖尖或是細細的下端，主要作用是將能量集中於一個點上，可增加靈擺的靈敏度與感知度。

　　有人問過Crystal哪一種靈擺最好？其實沒有一定什麼最好，但跟你在一起久了，感應較強的最好。

　　一般市面上以白水晶的靈擺最多，除了產量多，賣相佳應是最主要的原因吧。但其實靈擺只是一個統稱，只要是你有一個天然水晶的墜子，甚至是玉墜子，都可以做成靈擺，將墜子用天然質材的線繩吊掛起來，就是一個如假包換的靈擺。

　　所謂天然質材的線繩包括棉繩麻繩甚至髮絲，另外我們常用來掛在身上裝飾的金項鍊、銀項鍊、K金項鍊也可以，或者一根銅線效果也不錯，就是不要用塑膠繩魚線等人工材質，因為那是無法傳遞能量的，因此沒有效用，另外線的長度大約是15-30公分，比較適中，否則長度不夠是無法擺盪起來的。靈擺的效用又是什麼呢？原來單純用來裝飾的墜子，卻因本身能量的作用而可以拿來問事、測事，就是靈擺的效用。但可不是任何水晶墜子或玉墜子都可以拿來測哦！首先這墜子必須先淨化消磁，方法Crystal已教過大家（請參考本書前言中之「天然晶石的淨化」一文），再來就是要「養」它。

　　這個「養」可不是養小鬼那樣的「養」，好恐怖喔！而是像養茶壺啦，養玉那樣，把它戴在身上，戴個十天半個月的，越久越好，讓它與我們身上的氣息相互流通，互相融合，也更容易與我們的思想感情身體有感應，我們用養過的靈擺問起是來才會準確。

　　接下來先教大家如何使用靈擺問事最初階的方法，可以問感情、問事業、問風水等許多有趣的祕訣哦！怎麼問呢？請先將心靜下來，準備好已消磁並養好的靈擺，找一個乾淨的桌面，高度要剛好讓你的手肘可以舒服地撐在桌面上，將兩手合起來，用拇指與食指捏好靈擺的線，兩隻手臂形成一個三角形，讓靈擺自然垂落下來，距離桌面適當的距離。

　　請注意雙手的力道要不鬆不緊，不要太緊張，否則手容易冒汗發抖，影響靈擺的擺動，那就不準確嘍！拇指與食指捏好靈擺上方的線後，線一定要越過食指，以垂掛的方式進行，而不是直接垂掛，跟據Crystal的經驗這樣一來靈擺通常都會動不起來耶，也不知道為甚麼？

　　準備好後，先讓靈擺維持不動的狀態，閉上眼睛，開始在心中默想你要問的事情，請記得問題一定要非常明確，並且請靈擺回答的選擇一定只有兩個，屬於封閉性的問法，這樣的問法有點像在廟裡擲筊問神明一樣，否則的話靈擺可能不知如何回答你而亂擺。

舉個例子來說，年關近了，很多人都想領完年終獎金後，考慮是否要換個工作環境，這時你也可以運用靈擺來問問看，作個參考。你可以問靈擺——「靈擺靈擺，請告訴我過完春節後，我是否適合換工作？若適合，請順時鐘轉動，若不適合，請前後呈一字形擺動，謝謝你」。請重複念許多遍，並保持雙手靜止不動的狀態，心情與身體放輕鬆，並且儘量不要預設立場，一直到靈擺開始擺動為止。通常靈擺的擺動有順時鐘轉圓圈、逆時鐘轉圓圈、前後一字型擺動以及左右一字型擺動四種反應，可以任選其中兩種來當作答案運用。

唸的時候一定要心存誠心敬意，專心無雜念，不可有輕蔑開玩笑的態度，並且請不要先預設答案，以免你的念力影響靈擺的準確度。這樣靈擺才能很快接受來自天地間的感應，但由於每個人感應力不同，有人剛開始做，唸了半天也沒反應，有人卻馬上就可以感受到，要訣還是——心情不鬆不緊，真誠自然，平常多跟自己的靈擺溝通，培養感情，靈擺若是一直不動也不要灰心，也許是時候未到不能回答，更或許是你太緊張了，沒關係只要多練習幾次就可以慢慢感受到靈擺的神奇回應了。

另外有兩個使用靈擺的進階方法，其一就是因為磁場有相吸相斥的特性，相互吸引的表示合得來，相互排斥的有可能會水火不容，所以比方說你是個可愛迷人的女孩，同時有A君B君兩位男士追求，各有優缺點，你不知該選哪位較好時，就可以先在兩張紙片上各自寫上A君及B君的全名，先將靈擺用右手拿好，靈擺墜子下端對住左手手心。

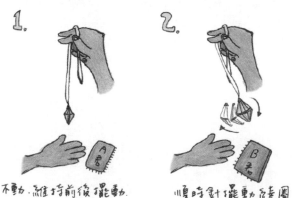

不動．維持前後擺動.　　　順時針擺動繞圈.

之後請人幫忙將Ａ君紙片移走，換上Ｂ君姓名的紙片，同樣可觀察靈擺的變化，來判斷是否與你相互吸引或者排斥。

其二的方式則是可直接將靈擺先後懸放在Ａ君與Ｂ君的紙片上作測試，心中完全不預設靈擺的答案的前提下，一種作法是不問靈擺答案，只單純觀察靈擺的轉動，通常順時鐘轉代表示正面樂觀的預告，逆時鐘轉則是負面的警訊。

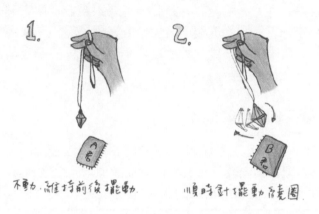

不動，維持前後擺動。　　　順時針擺動旋轉圈。

如Crystal寫的靈擺相關文章所述，靈擺的神奇在於它可以藉由擺動方向的不同，辨別出事情或物質的正負兩面，以我們身處的北半球來說——正面的，好的、積極的、善良的、有生命力的靈擺多是順時鐘轉，負面的、壞的、消極的、不良的、腐敗中的靈擺多是逆時鐘轉，這樣的現象正如北半球溪流海洋裡的漩渦，甚至抽水馬桶、洗臉盆的水流必定是順時鐘轉的道理一樣。若是南半球就剛好相反，這是地球的大磁場影響。因此，當我們將靈擺懸在某物質之上，將精神集中，不去預設答案，以免自己的念力影響答案，若這物質個體是正面的、健康的、好的，那麼靈擺就會往順時鐘方向轉，反之就向逆時鐘方向轉，就可以很容易的分辨好壞優劣了。

另一種作法則是心中虛心請問靈擺，Ａ君或Ｂ君究竟適合與不適合自己，請靈擺出現兩種截然不同的轉動，便可知道答案如何了。

　　以上皆是作抉擇時參考的方式之一，當然自己理智的分析與冷靜判斷是更重要的，可別全部依靠靈擺判斷而本末倒置了唷！家中的擺設是否恰當，也可以用靈擺來測試，某些地方若好幾次都測出是負面的逆時鐘擺動時，可能就要改變一下移動位置，或是對該擺設或地方作個淨化的動作，比方說用檀香薰一下等等。已使用的靈擺經一段時間後最好還是要淨化過，以保持它的活力與靈敏度。

　　還有一個很重要的地方，就是問完靈擺一定要跟靈擺及使它擺動的天地間這宇宙的能量說聲謝謝，存著感恩的態度與心情，參考靈擺擺盪的結果，加上自己理性的分析與智慧的思考，千萬不要對靈擺有太多執著與迷信，才能為自己的人生之路作出最佳抉擇！

含有明顯多層白色金字塔
內含物的晶中晶水晶墜子

● 由內而外改變運氣的白幽靈水晶

　　在一些水晶中，我們可以看見有天然白色雲霧狀或是冰裂紋，形成一種特殊美麗的內涵紋路，有些則形成類似埃及金字塔造型的三角形紋理。同樣的金字塔紋理出現在綠幽靈水晶，紅幽靈水晶等水晶中，而白幽靈金字塔水晶的奧秘在哪裡呢？

　　金字塔水晶內藏有一個宇宙機制的力量，如果你和Crystal一樣，對水晶感覺很敏銳，只要一接觸金字塔，便能馬上感應到那股強大無比的宇宙動力磁場。由金字塔的頂端像漩渦般四面八方的捲入，直落底部。古埃及人利用金字塔，目的是轉化物質型態，超越生死。

　　而白色金字塔代表宇宙白光的凝聚，白光是眾光之母，略懂光學的人都知道，七色輪色光一轉動，就會變成一片白色。所有的力量，由白光演化、擴散而來，是宇宙最高的能量。有此一說——只要你獲得了白光的力量，你便可以達成所有的願望。其關鍵是借用宇宙白光來清除身體的黑氣以及所謂的業力，恢復光明純淨。而一旦身體恢復光明純淨，才能招來無災無難，心想事成的福氣！

　　但在業力清除前，常會有一段面對自己黑暗面的時間，可能會出現在夢中，或心中浮現不想面對的負面能量與憤怒。當自己能堅強面對、理性察覺並接受後，妥善處理這些情緒，不生逃避退轉之心，自然會豁然開朗雲開月出，所以要勇敢喔！

外壁花紋斑斕，內裡
白色結晶的大聚寶盆

③. 聚寶盆的作用？

　　水晶的鎮宅三寶——白晶簇，紫晶洞及聚寶盆，其實聚寶盆是一種天然的瑪瑙盒子，開採後像紫晶洞般一剖爲二，呈現出最外層的表土，中間層的瑪瑙壁，以及最內層的細小水晶結構，閃閃亮亮的很漂亮！這也是大自然億萬年來的結晶，孕育了日月精華，所以其中富含內斂的能量，尤其能夠將財富已相乘加倍的速度增加，所以常有人將貴重珠寶、水晶、錢幣等放入其中，借其強大的能量，讓財富一變二，二變四般成長！或者將想許的願寫在紙條上放入其中，聽說也可以實現願望哦！

　　有好幾個運用聚寶盆而美夢成眞的故事，在本書招財水晶單元裡有詳細敘述，在此就不贅述了，聚寶盆有大有小，大者如臉盆，小者可放在掌心把玩，又稱雷公蛋，因爲聽說下過大雷雨後最容易撿拾到。不管大小聚寶盆的強大能量是絕不容忽視！

④. 晶中晶

　　傳說中的晶中晶——天然水晶中涵養著另一顆（或多顆）獨立的小水晶，是千百顆水晶中才能找到一顆獨一無二的稀世珍寶，尤其品像清透，內裡晶體明顯獨立的更少，據說能使佩帶的女性容易受孕成爲母親，因此又有「聖母水晶」之稱，Crystal十餘年來收藏了許多，深深被他獨特的美所吸引，希望藉由他們的力量，祝福有同樣心願的姊妹們如願！

水晶晶中晶墜子與特寫

⑤ 有關開運印章

什麼是開運印章？

印章自古以來一直代表著權力和崇高尊貴的地位，甚至是皇族的象徵，只有天子及王臣貴族可以使用。然而近代民生富裕，印鑑也漸漸地流入民間，平民百姓們也用以代表個人身份信物的象徵。只不過古時流傳的印相學卻因戰亂而失傳，一直到現代，重視陰陽五行學說後，印相學也再一次跟隨姓名學經由日本流傳回來。

每個開運印章是要參考印章主人的生辰八字、喜用選擇、姓名筆劃、幸運方位和良辰吉日，將其雕刻成具有靈性的開運印章。經過持咒開光的開運印章，它的磁波能量將能夠改變人的命相，使人否極泰來，萬事吉祥如意，想發財的財源滾滾，想創業的宏圖大展，想考試的金榜題名，尤其搭配水晶特有的強大磁場，以達到開運的目的。

鈦晶龍抱珠印章

如何辨別開運印章的真偽？

辨別開運印章印象的好壞，有下列幾個重點：

① 印章本身的材質是否光滑完整無細小裂痕？大小尺寸握起來是否順手？其印章色光澤顏色最好是完整一致。

② 印文與印邊的粗細比例是否適當、有美感？

③ 印文與印邊是否有接觸點。通常這接觸點會使整個印象有一氣呵成之感，關係到整個印章之磁場是否順暢。

④ 印文的疏密粗細，以及縫隙之間大小距離要有和諧平衡感。

5) 印文字體方面要上下左右粗細一致，印章底面避免凹凸不平，否則印章蓋完恐怕會坑坑疤疤。

6) 仔細檢查印相的字體是否爲標準的摹印篆體，避免使用俗字或簡體字。

如何正確使用開運印章？

印章分主格印章，用來辦有關財務等正事的，以及所謂的「踢陀印仔」（台語），用在文墨雅事或是日常瑣事的，各有深遠的影響。

主格印章

金髮晶方型印章

方形章適合用於不動產、支票、存款簿等與金錢有關，以及代表權位的使用，影響人的主要運勢。通常主格印章多用質料極好的木材、象牙或是瑪瑙玉髓等較厚重的材料篆刻而成。方形印章意味著權力的穩固、堅實與力量。而方形印章有代表著東、西、南、北的四方，象徵四方財源廣進、源源不斷，故用於代表權位、處理財務。

中國五術之精髓盡在皇族，大家不妨到故宮去看看中國歷代王公侯爵們所遺留下來，代表權、利象徵的文件都是使用方形印鑑簽署。

踢陀印仔

異象水晶藏書章

水晶因質料較輕盈，所以適合做成如藏書章等這類非正式印章。

墨寶印章

　　以圓形為主，用於商業合約或書畫墨寶上，適用於文人雅士傳世之作。由於圓形從中心到邊緣全都是等距離，具有內外均衡的表現，因而展現出平和、溫和、寬容、圓滿、聲望等特質。故這樣的印章用於簽署合約能達到圓融順利，用於圖畫墨寶能達到聲名遠播的效果。各位一樣可到故宮去瞧瞧歷代所流傳下來的墨寶，多以圓形印鑑簽署傳世。

雜務印章

綠幽靈晶中晶水晶圓型印章

　　圓形或橢圓形的小型印為佳。使用於簽收貨單、包裹、掛號信件。這類印章更要使用圓形，你才能圓圓滿滿地處理居家瑣事。

白水晶青蛙造型小印章

使用開運印章注意事項

(1) 必須要本人親自持印蓋章，請他人代勞是無法發揮任何作用的，因為開運印鑑本身是根據個人的命格八字而雕刻的，只有你自己親身的磁場能量能使它的氣更旺盛，進而達到吉祥開運的效果。

(2) 持印蓋章時，最好要淨身素衣，並且以虔誠感恩的心情使印鑑所產生的磁場能完全的貫穿流動全身，幫助你以冷靜的思考和評估，順利完成各種事件及交易。

(3) 蓋章前要注意印身是否乾淨，印面有留下先前印漬嗎？在蓋章的同時，先檢查印章角度和位置是否有歪斜或顛倒的情形。因為顛倒不正，或是印色不均的印跡是無法讓開運印章發揮任何效果的。

好的開運印章如能搭配使用高品質的硃砂印泥，就如虎添翼了，會加強開運印鑑的效果。

⑥ 持珠當心上

淺談108顆念珠

Crystal因為工作與信仰的關係，常有機會收藏到不同材質的念珠，除了用來持咒念誦外，也很有值得欣賞的美感。

以佛、道教為主要宗教的中國，戴手珠的習慣來自於佛教的念珠，念珠又稱作佛珠、數珠等，是人們在念佛時紀錄的工具。《木子經》記載，玻琉璃國王憂愁境內疾病流行及人民困苦，以致食寢難安，請示釋尊「日夜易得修行」之方便法，佛示其貫穿木子做成念珠，閉目靜神朝佛念之，此即念珠的緣由。

鈦晶 108 顆念珠

　　所謂「木子」又稱無患子，除了「木子珠」，根據《陀羅尼經》、《諸佛境界攝真實經》……等所載，尚有：菩提子、金剛子、蓮華子、水晶、香木、珊瑚、硨渠、螺旋、摩尼、金、銀、銅、鐵……等不同質材。

　　念珠是念佛、持咒、誦經時用以收攝心意，消除妄念，專注精進的法器，同時又是記數的工具。佛經中所說念珠之功德念珠有其功德，念珠的用途及其功德，依《木子經》：「若欲減除煩惱障報障等，當線貫木槵子一百零八顆，常自隨帶。若行若坐若臥，恒使一心，捏珠稱念，佛法僧名。……若能滿於廿萬遍，身心不亂，無諸諂曲，命終當生第三焰天；衣食自然，常行安樂。若復能滿一百萬遍，當得斷除百八結業，背生死流，趣向泥洹，永斷煩惱根，獲無上果。」

　　《數珠功德經》云：「若有人手持數珠，雖不念誦佛名及陀羅尼者，此人亦獲福無量。」

　　不同的材質有不同的意義與功德，以下給大家參考一下——

根據「數珠功德經」的記載是這樣的：
鐵者：五倍。
赤銅者：十倍。
真珠珊瑚者：百倍。
木木患子者：（又名「無木患子」，可能為桃李之核，因其有避邪之功用故也）。千倍。
蓮子者：萬倍。
帝釋青子者：百萬倍。（此物不明）
菩提子者：無數倍。

　　Crystal發現一個很有趣的事，就是所謂的菩提子並不是菩提樹的種子，而是一種叫川殼的植物果實。按照果實上不同的花紋又分為鳳眼菩提、龍眼菩提、星月菩提及草菩提等。依照產地不同則分為天台菩提、天竺菩提等。

金剛子 108 顆念珠

　　而眞正菩提樹的果實則稱爲金剛子，Crystal跟艾文的上師仁波切曾從西藏挑選了一大一小兩串金剛子念珠，上圖的金剛子菩提念珠是Crystal爲了方便讓艾文計數，因此幫他重穿，加上了銀珠隔珠及一鈴一杵的純銀記子（計數器），金剛子剛拿到時好硬表皮好粗糙，掐念時手指都被那利利的稜角磨得紅紅痛痛的（順便作按摩啦），經過幾年下來，現在珠珠已經被我們唸平了一些，摸起來也沒那麼凹凸不平了。

　　念佛是修行佛道基本方法之一，掐算著捻念珠誦經持咒念佛，就能生諸種功德，其最大的利益在於可讓人凝聚精神，方便修行。在中國民間即使非佛教徒也有配戴佛珠的習慣，因爲非佛教徒亦多相信手戴佛珠可保平安。

　　在漢傳佛教中，念珠還有另一個意義——代表著佛法僧三寶。

　　佛寶——指念珠中之母珠，珠頭爲佛之色身，錐形珠頂代表佛之法身。
　　法寶——將整串念珠貫穿集結一起之繩子爲法寶。
　　僧寶——念珠之所有珠子爲僧寶。

　　念珠種類大致分成手珠、持珠及掛珠三大類。念珠也稱作佛珠、誦珠、咒珠、數珠等。這裡提及的手珠一般是戴在手腕上，亦可隨時拿在手上掐捻念佛，念珠的顆數除了常見經書所戴的顆數外，亦有視乎手腕粗幼及珠子的大小而定。

　　念珠的數目，亦各有說法。據《木子經》云：有一百零八顆；《陀羅尼經》有一百零八、五十四、四十二、廿一顆；《金剛頂瑜伽念誦》則說上品一千零八十顆，最勝一百零八顆，中品五十四顆，下品廿七顆……等，各有不同。然而一般多以一百零八顆爲基數。其減半則爲五十四，依次減半爲廿七、十四；一百零八以十倍之，則爲一千零八十。

1080顆　表示十法界各有一百零八種煩惱，合成爲1080種煩惱，十法界包括迷的六界：地獄、餓鬼、畜生、修羅、人間及天上，即是六道輪迴的世界，後四界是聖者悟的世界，即是：聲聞、緣覺菩薩及佛界。

108 顆　表示求正百八三昧，斷除一百零八種煩惱，一百零八種煩惱一般說法是六根（眼、耳、鼻、舌、身、意）各有苦、樂、捨三受，合爲十八種，六根各有好、惡、平三種，合爲十八種，總計三十六種，再以過去、現在、未來三世合爲一百零八種煩惱。

54 顆　表示菩薩修行的五十四個階位，即是十信、住、十行、十回向、十地、四善根因地。

42 顆　表示菩薩修行過程的四十二種階位，即是十住、十行、十回向、十地、等覺及妙覺。

36 顆　與108顆意義相同。爲便於攜帶將108顆分爲三份。

27 顆　表示小乘修行四向四果之二十七賢位，即前四向三果之十八有學與第四果阿羅漢之九無學。

21 顆　表示十地、十波羅蜜、佛果等二十一位。

18 顆　表徵十八界（六根、六塵、六識），迷時被十八界轉，悟時轉十八界。

14 顆　表示觀音菩薩的十四無畏。

由於範圍廣大，Crystal於本書中先介紹最常見的一百零八顆的掛珠。

掛珠通常是指一百零八粒以上可以掛在頸項上的念珠。一整串念珠常附有母珠、數取（又稱隔珠，間珠，用來分隔一定顆數的念珠）、記子（於母珠的另一端的小珠珠，用來計數用，如念一圈108顆念珠即撥動一顆記子珠以計數，比如以十小顆為一小串，代表十波羅蜜，又稱為淨明，助明，維摩，補處菩薩等）、記子留（每串記子尾端所附之珠子，裝飾的成份較大）等。使用掛珠很有講究，有興趣的朋友可以自行向這方面的專家或出家師父討教。

潔白純淨的硨磲 108 顆念珠

在藏傳佛教中，念誦時也可同時觀想母珠即為持誦該心咒之本尊佛菩薩，其他子珠則為其眷屬與其他佛菩薩，比方說如要用念珠念誦觀音心咒（六字大明咒），便可觀想母珠為觀世音菩薩，若隨身攜帶念珠則要好好帶在身上或手上，不可隨意放置不乾淨的地方或地上。

顏色嬌艷的海竹珊瑚 108 顆念珠

另外108顆念珠中的100顆是真正計算的數量，多的8顆是怕念錯或漏念經咒時用來補念誦差額用的，所以念珠總數一定要滿100顆，即便念完108顆也用100來計算，只能念多不能念少。

自己一旦開始使用念珠修持，最好不要隨意讓他人使用，反之也不要去拿取或用別人的念珠，避免造成雙方的困擾。除了一些宗派對持念珠有一定規定外，其他的記載大多沒有嚴格的規定，一般人佩戴只取其保平安的意思，無太多忌諱。

但念珠是修行的工具，念佛、持咒最重要的還是自心自性。所謂「靜慮離妄念，持珠當心上」。因此我們該了解念珠的數量、構造和質料都只是助緣，如何掐念的規矩方法要拿高還是拿低？用左手還是右手？這些都是次要，千萬不要太過著相和執著，本末倒置，反而心生煩惱。只要對念珠心存尊敬，常保自我查覺，反躬內省的習慣，努力精進，三寶自在心中。

對應喉輪讓念誦更加順暢的青金石 108 顆念珠

⑦ 運用晶石淨化氣場的方法

另外人生中總會遇見一些婚喪喜慶等場合，有時去到一些氣場比較雜或陰氣會氣較重的地方，即便身上配戴了避邪化煞的飾品，比如說晶石等，有些人還是會不太舒服，該如何處理呢？

這時可以先淨化過水晶，然後也淨化一下自己，如果你的信仰願意接受，請去中藥行買點艾草（50元就夠了），煮成艾草水用來沖澡，就是先洗澡洗乾淨身體後，最後一趟用艾草水來沖洗身體，直接擦乾就好，沖的時候想像所有身上的晦氣、黑氣都隨水流走，洗過澡之後，握著淨化過的水晶，觀想所有事情都變得很順利圓滿，給自己打氣加油！

以上是Crystal融合阿嬤的方法與水晶的觀想法而整合出來的，以下有一則網友本身有特殊體質，後來因為接觸了晶石而有所改善的真實故事給大家參考。

針對靈異體質的水晶運用　　文／網友金小婷

我的靈異史也是靠著金沙黑曜水晶球和紫晶洞，
才不藥而癒的哦！而且不用再跑宮廟了。
因爲是敏感體質，常常遇到喪家或不乾淨的地方，
回家就會一直做惡夢或夢到事主或者預言夢。
自從帶金沙黑曜水晶球和紫晶洞回家後，
二、三年來，第一次可以安穩的好好睡覺哦。
現在都不用煩惱晚上會做惡夢的事。
當然我也比較少去宮廟作法事了。
覺得精神和身體變得比較好。

希望有同樣困擾的人可以試試看這些好方法！

金沙黑曜岩版珠手珠

⑧ 晶石的放置位置有何禁忌？

　　風水學派有許多許多不同的講法，我還是那句老話──最重要的還是主人的心念，如果保持正面思考，水晶也會充滿正面能量，那放在哪裡會有甚麼不好的影響呢？反之放了一大堆水晶在所謂「對」的地方，可是主人自己卻時常產生煩惱負面念頭，放再多水晶也沒用吧，還是不要太執著喔。

　　晶石的放置位置其實沒有太大禁忌，因其本身有避邪化煞、吸收消化負面能量的作用，即使放錯地方，也只是效果不大而已，不會有不好的影響，這方面反而比一些風水學上運用的魚缸、花瓶等功能來得好，因爲魚會死亡，花會凋謝。晶石也可以運用在五行的相生相剋上，人的五行不足與過剩皆可用水晶來調節、平衡，讓運勢更旺！

⑨ 五行與水晶

　　五行與顏色的運用，自古以來就有，但太過或太弱都不好，只有適當的運用，才是好的。

五行不足時對水晶的運用——

金──可用白色光──如白幽靈、鈦晶等。

木──可用綠色光──如綠幽靈、翡翠、東菱石等。

水──可用黑色光──如黑曜石、黑碧璽、煙晶等。

火──可用紅色光──如石榴石、紅髮晶、玫瑰輝石等。

土──可用黃色光──如黃水晶、琥珀、虎眼石等。

五行過剩時對水晶的運用——

金──可用黑色光──如黑曜石、黑碧璽、煙晶等。

木──可用紅色光──如石榴石、紅髮晶、玫瑰輝石等。

水──可用綠色光──如綠幽靈、翡翠、東菱石等。

火──可用黃色光──如黃水晶、琥珀、虎眼石等。

土──可用白色光──如白幽靈、鈦晶等。

以上是根據五行相生相剋的道理而來

五行相生為──金生水；水生木；木生火；火生土；土生金。

五行相剋為──金剋木；木剋土；土剋水；水剋火；火剋金。

　　至於每個人屬那種五行，則須由八字來看，這又是另一門專業了，但這些顏色的運用必須是天然形成的顏色，而非人工調配出來的，所以水晶因含有各種不同色光，成為人們最方便運用的天然顏色，也就是因此在屋中放水晶，效果會比將屋子漆成某個顏色的功效好很多的緣故！所以比方屬火局的人，以相生相剋的道理來講，當然是要能以能相生的木生火好嚕，但也不能過盛，五行是一套非常完整的顏色學，非三言兩語可以說完的，這實在是很深奧的學問，想要知道完整的資訊，恐怕還是得另外去請教專業的命理老師才行。

⑩ 晶石與十二星座的非常關係

　　曾有網友問Crystal水晶是否可對應星座？其實是可以的，主要原理是對應各星座所屬的幸運顏色，以及各星座屬性的特質，目前坊間眾說紛紜其實任何寶石，自己喜歡才是最重要的，沒有絕對。Crystal根據不同色光及晶石的特性作了分類，大致整理如下供大家參考。

牡羊座（3/21~4/20）
屬火象星座。
積極向上、有熱情具勇氣、行動力強。
對應——紅色光。
對應晶石——紅瑪瑙、石榴石等。

金牛座（4/21~5/21）
屬土象星座。
安定實際、富責任感及意志力、有耐心、品味高。
對應——綠色光。
對應晶石——綠幽靈、綠髮晶等。

雙子座（**5/22~6/21**）

屬風象星座。

好奇善變、反應快、好表現、令人捉摸不定。

對應──白色光。

對應晶石──透明白水晶、黃水晶、藍琉璃等。

巨蟹座（**6/22~7/22**）

屬水象星座。

溫和顧家、人緣好、適應力佳、願意付出、習慣照顧他人。

對應──茶色光。

對應晶石──茶晶、煙晶等。

獅子座（**7/23~8/23**）

屬火象星座。

有領袖氣質、組織力及自尊心皆強、慷慨熱情。

對應──金黃色光。

對應晶石──鈦晶、黃水晶等。

處女座（**8/24~9/23**）

屬土象星座。

完美主義、聰明細心、觀察力強、對數字極敏感。

對應──藍色光。

對應晶石──藍琉璃、藍寶石、天青石、藍色拓跋石等。

天秤座（**9/24~10/23**）

屬風象星座。

講求公平、平衡感佳、社交性強、處世中庸理性、忠誠度極高。

對應──白色光。

對應晶石──透明水晶，尤其是白水晶及各式髮晶等。

天蠍座（**10/24~11/22**）

屬水象星座。

神祕嫵媚、好奇心強、外冷內熱、愛恨分明、容易記仇。

對應——橙色光。

對應晶石——兔毛水晶、紅髮晶等。

射手座（**11/23~12/21**）

屬火象星座。

樂觀活潑、大方講義氣、好冒險、不受拘束。

對應——紅色光。

對應晶石——玫瑰碧璽、紅髮晶、石榴石等。

魔羯座（**12/22~1/20**）

屬土象星座。

一板一眼、認真負責、刻苦耐勞、平穩內斂、堅毅。

對應——茶色光。

對應晶石——茶晶、煙晶、黑髮晶等。

水瓶座（**1/21~2/19**）

屬風象星座。

有藝術氣質、改革性及創意皆強、比較自戀。

對應——紫色光。

對應晶石——紫晶、紫黃晶、舒俱來石等。

雙魚座（**2/20~3/20**）

屬水象星座。

浪漫主義、幻想空間大、個性隨和。

對應——粉紅色光。

對應晶石——粉晶、粉玉髓等。

行走水晶

Crystal曾在以往文章中提到白幽靈水晶放在車上能避邪改運的事，艾文曾有顆很特別的白幽靈小水晶柱，由底端往上的內含物像個小龍捲風般螺旋而上，一層層的紋理分明，是艾文跟著Crystal以前一起去看水晶時，他自己挑到的寶貝，從以前開的小白馬換成現在的大白馬（Crystal給我家車車取的外號），歷經好幾代他都一路陪伴著我們，還有掛在後視鏡下的天然藍琉璃葫蘆，讓我們多年來行車一直都挺平安的！

白幽靈水晶金字塔

想要讓開車出入平安的話，除了車上掛些晶石飾品（長短大小當然以不能阻礙視線為前提），也可以在車子儀表版上放個白幽靈水晶或黑曜岩磨成的金字塔，或是小晶柱也可以。

放之前須先徹底淨化，講究一點的話還要先替寶貝愛車做個「結界」！

所謂結界就是將已淨化的晶石，將尖端朝向車子的方向，想像晶石尖端發出像雷射一樣的白色光束，沿著車身走一圈回到原點，邊走邊觀想白色光束也繞著車身形成一圈保護罩，將愛車整個罩在白光裡，這就完成「結界」儀式了。再更講究的話，可以坐進車中觀想白光充滿整個車內，淨化了車內的空間，並一起觀想行車平安順利，闔家歡樂出遊的畫面。

如果剛牽新車回家的話也可以在正式上路前為愛車做一次這樣的結界儀式，可讓車車避掉很多大小麻煩呢！

螢石小珠擺飾

　　另外容易緊張的人可使用螢石，將螢石放在大腿間或太陽神經叢旁邊，可使人身手較靈活且有信心、鎮定有條理，在開車時使用還能使人提高警覺。

　　騎摩托車的朋友同樣也可以運用晶石來作結界，文獻上記載土耳其石（綠松石）常常用來當作馬匹的護身符，防止馬及騎士摔倒，歐洲人並不相信可以防止摔跤，但他們說如果能佩帶土耳其石就不會摔傷得太嚴重（可引申爲現代騎士騎摩托車或開車時佩帶，可防止意外）。

　　另一個說法則是土耳其石作成戒指，可對付毒藥及暴力，意外及危險，它也提昇勇氣，在馬鞍及韁繩上佩掛土耳其石，也可保護馬兒。土耳其石對旅行者是很有價值的護身寶石，所以我們常在西藏，蒙古及新疆等遊牧民族看到以綠松石作爲裝飾的服裝或是馬具。

　　當然機車騎士甚至最近最流行的運動——自行車騎士較不方便將晶石掛在車上，所以可以隨身配戴或是放置於貼身口袋或包包中，也會有保護的功效喔！

土耳其石戒指

園藝水晶

　　Crystal小時候家住在台灣中南部的山城嘉義，跟爺爺奶奶爸爸媽媽還有兩位弟弟一起住在一棟木造的日式公家宿舍裡，印象裡除了走起來會嘎吱嘎吱響的木板地板與用口水沾濕指頭就可以戳個洞的紙門外，最難忘的就是屋子的前院種了許多玫瑰、鐵樹、石榴等花草樹木；後院則有棵好大的芒果樹，每年夏天我們小孩子們總眼巴巴地盼著樹上花開後開始結了小小綠色的果實，然後慢慢地等它們長大，還盼不到它們成熟變軟自己掉下來，早已用媽媽教的——竹竿綁著鐵絲纏好的網子，七手八腳採下仍還青澀的青芒果讓媽媽將它們醃漬冰起來，是暑假最棒的午後點心。

　　芒果樹下爺爺用木頭架了花棚養蘭花，家裡的花草幾乎都是爺爺照顧的，後來由爸媽繼續，花園裡的植物們總是長得花團錦簇，綠意盎然。可能遺傳到他們的「綠手指」天份，Crystal一直也很喜歡園藝。所以即便是住在城市裡的老公寓，我也喜歡在小小的露臺上種上一些植物，繁衍一片綠意，讓上班的緊張壓力在看到它們時得到一點疏緩。

　　開始收集天然水晶後，有時難免摔傷破損，除了放進水族箱裡外，Crystal也會把這些水晶淨化後放進植物的盆栽中，結果觀察到一個很奇妙的現象——同時買進來的同品種植物，有放水晶的長得比沒放的要健康漂亮，連生長的速度都比較快喔！

　　這個現象讓很有實驗精神的Crystal很好奇，於是開始認真作實驗，比方說有盆開過一次花之後就變得奄奄一息的蝴蝶蘭，苟延殘喘地熬到第二年春天，完全沒開花，Crystal於是在它根部附近放了一個小白晶柱，經過一段時間之後，發現那株原本葉子已經幾乎凋萎光了的蝴蝶蘭，開始冒出小小嫩綠的新葉片，葉片健康地漸漸長大，第二年春節過後，竟開出好幾朵美麗的紫色蘭花，好神奇喔！

老葉子

→新長嫩葉

　　甚至Crystal還作過一次實驗，一株原本葉片向著太陽長的小姑婆芋，Crystal將一支小晶柱插在根部旁，故意往另一個方向斜，看看會有甚麼變化，沒想到過了一段時間後，這株姑婆芋冒出的葉片，大部分都還是向著陽光方向長，但靠近晶柱這側的葉片，則很明顯地往晶柱的方向傾斜，同根長出來的葉片因往相反方向長而形成一個V字型，可愛極了！可惜當時忘了拍照存證，Crystal到還很後悔呢！

　　還有次去逛鶯歌老街，買回竹柏的種子種在小陶皿中，Crystal用粉晶碎石舖在土上面，它們長得頭好壯壯的！

　　還有先前我家陽台上的豬籠草，是一位專門培植豬籠草的親友送的，拿回來也沒特別照顧，居然就結了二十幾個大小不同的籠子，讓那位親友大大稱奇，因為豬籠草不好養耶，婆婆家同時也種的另一棵，早已回天乏術了。Crystal除了覺得自己真是綠手指，有點小驕傲外，覺得當時陽台上放了不少大大小小的晶柱晶球一定也有功勞吧？

　　到現在搬了新家，有個不大不小的花園，Crystal家的植物沒請甚麼園藝公司來特別設計照顧，仍還是長得挺健康茂盛，連建設公司每家都送一棵的榆樹，都是全社區長得最高最大的，鄰居們有時相遇便問Crystal有何撇步？Crystal總是不好意思地笑笑回答說除了定期澆水施肥外，有時也會跟植物們說說話，讚美它們的美麗並為它們加油，光這樣說鄰居們已經一臉驚訝了，如果我再說有時還會用天然水晶觀想彩虹光籠罩著整個花園，植物長不好時用水晶來治療它們，不知道鄰居們會不會覺得Crystal腦袋有點問題？所以這部分就省略不說了，還是不要造成人家煩惱比較好，呵呵！

養生水晶 ♥

①. 淺談「人體七輪脈」

在古代東印度便開始盛行的瑜珈術中，將人體分為七個能源中心，這七個能源中心因為是以盤旋的輪狀出現，所以名為「七重輪」。我們可以經由氣輪接收後傳達精神上的、社交上的以及性能量上的能量。有些學派說是五個，有些說是六個，不管如何，對各氣輪的位置及功用，各派皆有一定的共識。

但若把所有疾病與情緒全部根據氣輪來歸納，又太沒有彈性了。事實上氣輪與氣輪之間的能量是互通的，愈是真正有智慧、身心靈平衡健康的人，愈能打開全部氣輪。

氣輪的能量跟所有宇宙的循環道理一樣，有不足、有過量，可以運用不同的色光來補足與排解，如紅色解藍色，橘色解紫藍色，紫色解黃色等，氣輪甚至有不同的專屬頻率或音符，這些音符會震動對應的氣輪，進而喚醒或開啟它們。

氣輪也各有專屬的相關元素，如五行一般，這些元素包括金、木、水、火、土以及空氣等，也有不同的對應感官，例如嗅覺、味覺和觸覺等。

人體本身就是一個充滿能量的電磁場，或說像一個大型的液體水晶，在這電磁場裡，有七重輪的色光，外圍自然形成一層層的彩虹光芒，便是「體光」；雖然體光可以藉自我的醒悟、宗教修行、靜坐冥想等改變，但其中最經濟、最有效的方法便是佩帶或運用水晶了。

② 色光與七重輪的對應

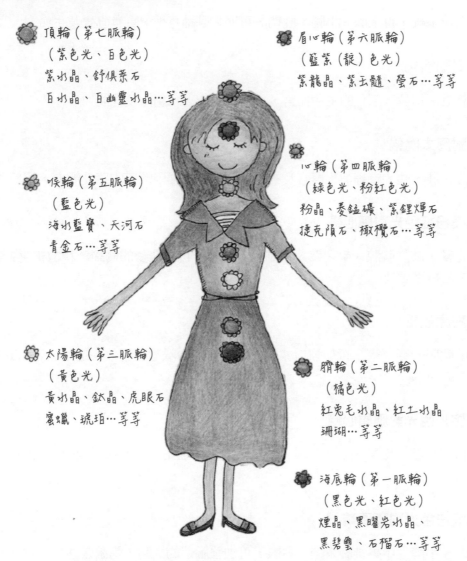

頂輪（第七脈輪）
（紫色光、白色光）
紫水晶、舒俱萊石
白水晶、白幽靈水晶…等等

眉心輪（第六脈輪）
（藍紫（靛）色光）
紫龍晶、紫玉髓、螢石…等等

喉輪（第五脈輪）
（藍色光）
海水藍寶、天河石
青金石…等等

心輪（第四脈輪）
（綠色光、粉紅色光）
粉晶、菱錳礦、紫鋰輝石
捷克隕石、橄欖石…等等

太陽輪（第三脈輪）
（黃色光）
黃水晶、鈦晶、虎眼石
蜜蠟、琥珀…等等

臍輪（第二脈輪）
（橘色光）
紅兔毛水晶、紅土水晶
珊瑚…等等

海底輪（第一脈輪）
（黑色光、紅色光）
煙晶、黑曜岩水晶、
黑碧璽、石榴石…等等

⭐ 紅色光與黑色光對應海底輪

主生殖系統、腎上腺、小腸、肛門，可助人腳踏實地、更有直覺及生命力。

⭐ 橙色光對應臍輪

主卵巢、精囊等部位的生殖器官，可增加創作力、精力及性能力。

⭐ 黃色光對應太陽輪

主胃、肝、胰、腎等消化器官及神經系統，可加強對情感的感受能力，招偏財。

⭐ 綠色光與粉紅色光對應心輪

主心臟、肺、胸腺、手、臂，控制血液循環，可實踐愛的真諦，釋放被壓抑的感情創傷，並招來愛情。

⭐ 藍色光對應喉輪

主甲狀腺、喉、嘴，可加強口才及溝通能力，治喉嚨痛有效。這是Crystal的親身體驗！

⭐ 紫藍（靛）色光對應眉心輪

主腦下垂體（松果腺）、左眼、鼻、耳，可加強第三眼的通靈能力、預知力，提高睡眠品質。

⭐ 紫色光或白色光對應頂輪

主大、小腦、中央神經系統、右眼，可加強腦部的活動，刺激靈感。

③ 晶石的保健運用方式

美容養顏篇

　　愛美是人的天性，不論男女，都希望自己永遠水噹噹的閃閃動人！因此除了流行的瘦身減肥，以及各種最新化妝術及服飾搭配外，還有什麼方法可以使我們變得更「水」呢？

　　由於Crystal非常喜歡水晶，而且也接觸鑽研水晶許多年了，相信大家都知道——水晶（Crystal）SiO2本身是在高溫高壓等一定條件的環境中自然孕育而成的大自然寶物，具有儲存、傳遞、擴大的功用，因此也能產生所謂的磁場，而聰明的人們除了將其運用在高科技的產品上，甚至也將他們運用在健康養生、聚財開運以及招來愛情等一些靈性功能上，你相信嗎？水晶及一些晶石也能幫助我們養顏美容、還老返童，並且對瘦身減肥豐胸也有好效果哦！

　　很好奇吧？Crystal特別將這些美的祕密整理出來分享給大家，認識這些「美顏石」後，希望都能好好運用這些來自大自然的禮物，讓自己越來越美麗迷人！

水晶水養顏法

　　將水晶水（做法請參考本書「水晶水的妙用」一文）放入噴霧器中，時常噴在頭髮或皮膚上，就會擁有一頭健康美秀髮及水嫩皮膚。或在水晶水中加入對皮膚有益之薰衣草或玫瑰等精油或藥草使用效果也很好。若怕日久腐壞可加放白蘭地酒或藥用酒精，冷的米酒也可以，保存於冰箱冷藏。

晶石浴

　　放滿一浴缸的水後，先用Crystal先前在書中提及的水晶能量手工皂洗淨身體並同時觀想，再將晶石放入浴缸內，與身體一同浸泡，也可達到美膚的功效。

晶石蒸氣法

將雙掌合成碗狀，放入水晶，想想水晶發出充滿力量的光芒，像蒸氣一般充滿掌心，如同蒸臉般慢慢靠近肌膚或頭髮，想像水晶的力量漸漸滲進髮膚中，對臉部來說的話，據說尤其以月光照過的粉晶作成的水晶水功效最明顯，若能以加了粉晶小晶石與粉晶能量水的水晶能量手工皂一起搭配那就一舉數得了唷。

晶石按摩法

若有鵝卵形圓潤的水晶，隨時可以拿來直接放在肌膚上輕輕滾動，可以美化膚質並增加肌膚彈性，像Crystal的水晶能量皂中所含的小晶石還有去角質的功能，但記得可不要太用力哦，會產生皺紋的。

粉晶與白水晶能量手工皂

♥讓皮膚水嫩的晶石

以下寶石皆對應海底輪，有助生殖系統，可增加性能力唷！

紅兔毛水晶、紅髮水晶

又稱為「維納斯水晶」，佩戴它們可促進荷爾蒙分泌，讓氣色更好，皮膚更細緻，做個漂亮的蘋果臉美人！

紅玉髓圓珠手珠

紅玉髓

瑪瑙中的貴族，極稀少。明亮的橙紅色寶石可促進血液循環，佩戴它讓妳每個月都順順順，氣血循環好，膚色自然白裡透紅，晶瑩剔透嚕！

石榴石

神祕的酒紅色寶石，佩戴它可促進再生能力，痘痘不易留疤痕，美容養顏。

螢石

漂亮多彩的螢石，佩戴它可以加強人的審美觀，使你品味卓絕，氣質不凡，自然美麗高貴。

煙晶

自茶色至深黑色不一的煙晶，對應海底的代表水晶，佩戴它一樣可促進生殖系統健康運作，使身材發育完全。

珊瑚、石榴石

佩戴它可調理月事，防止婦科疾病產生，天然災害期間不再痛痛。

貓眼石

有奇特美容功能，貓眼石泡水讓太陽照射1～2小時後，將水用來洗臉或配合敷臉使用，效果特佳哦！

窈窕瘦身篇

曾有網友email來問Crystal──甚麼晶石可以讓自己變苗條？她說曾遇見一位水晶店的老闆跟她說戴黑曜石可以幫助她去除水腫，是真的嗎？

我想可能許多女孩子們都很想知道答案吧？包括我自己在內。

每種晶石都對應不同的輪脈，而我們生理上出現的一些現象，其實有時候不是表面看到的問題，而是靈魂深處可能遇到一些障礙，或者佛教所說的所謂業障顯現，反應到我們的身體狀況上，原因可能很多很複雜，必須對醫學與心靈都有研究的人才能稍作判斷，不是這方面專業的我只能依我知道的範圍內給你一些建議。

我猜那位老闆為何推薦這位網友使用黑曜岩，因為一般來說，胖的人有些並不是真胖，而是水腫，而水腫跟腎功能有關，腎的位置接近海底輪，五行裡腎主水，海底輪五行裡的代表色都是黑色，所以可以使用黑色晶石來改善，比如說黑曜岩、瑪瑙與黑碧璽等，都可加強海底輪的能量。肝腎的功能如果健康，就能改善代謝，讓水腫的情形獲得舒緩。

有彩虹眼的黑曜岩水滴墜子
與虎眼石及黑瑪瑙編成項鍊

如果想減肥，也可以考慮使用對應太陽輪，也就是對應消化系統的黃色晶石，黃水晶，黃玉，虎眼石等，可加強腸胃的消化功能。比方佩戴黃玉它可幫助減肥瘦身，增加效果。

藍、綠琉璃則擁有強大又精純的力量，是供佛修持的最佳寶石。對七輪皆有穩定平和作用，可幫助節食瘦身哦！使人冷靜平衡，與人好相處，增加吸引力等。

據說佩戴白雲石可幫助胸部發育成長，促進胸腺，成為「波」濤洶湧的美女？！

最妙的說法則是佩戴沙漠玫瑰石可幫助將鈣質留在骨骼內，防止骨骼疏鬆症，讓你婷婷玉立。天然災害期間特別有助益。

其實體重問題不一定來自於飲食過量，除了水份容易滯留在體內的水腫外，喜好甜食，甲狀腺功能亢進或減退，血糖值不平衡，荷爾蒙失調，運動量不足等原因，都會造成體重過重或過輕。

尤其當我們漸漸老化，更年期來臨時，荷爾蒙的變化極大，體重就更難以控制了，而且通常還是增加的。

而原本過瘦或患有厭食症的女性，停經後更容易患有骨質疏鬆症。

但不管甚麼原因,大家最討厭的還是體內脂肪的淤積吧?相信嗎?一個容易有負面情緒的人,或者過於在乎社會與外在環境對自己期待與觀感的人,以及對某些食物,物質,感情或人物特別執著甚至上癮的人,都比一個樂觀正面,有自信,且隨和不執著的人,來得容易在身體內淤積脂肪與毒素。

而好消息是一種特殊的晶石——菫青石——可以幫助減緩這些傾向,除了配帶之外,也可以如本書「飲食水晶」單元內水晶水的妙用一文中所教的,製作成菫青石水晶水或精華液來運用。

另外據說月光石在照射一夜月光後,將此水用來洗臉洗澡,可以養顏美容,另外也是減肥的密招!要運用晶石,當然配合觀想是很重要的步驟。

菫青石手珠

觀想塑身法

先畫出或找出一個標準身材的人體圖形(可用現成的圖片,Crystal可能會考慮哪個超級名模的照片!),放在面前,盤坐好,左手(對應主直覺的右腦)握住水晶,先凝視圖片,感到精神已集中,頭開始有點發熱時,閉上眼睛,想像自己的身材漸漸變成和圖片中的人依樣苗條標準。此法有點像自我催眠,可以增加瘦身的意志力與能量哦!不妨試試看!

晶石都是輔助的工具,最主要還是我們自己的意念,晶石可以幫助儲存這些意念,予以擴大,如果你有看過《祕密》(The Secret)這本書,就知道我們每個人都是一個發射台,我們的意念發射到宇宙中,宇宙中的高等神奇能量總是能幫助我們完成願望,就像神話拉丁神燈的故事一般,那燈中萬能的精靈總是說——你的願望,就是對我的命令!

而晶石的作用,就是更加強這些意念的發射能量,讓宇宙能更精準更快的收到我們的意念,進而完成。

　　除了放送正面的意念外，平時持續對自己曾作過說過或想過的不好的事心中多懺悔，利用專業的醫學機構做檢查找出身體不適或發胖的真正原因，針對原因做改善，吃得清淡些，繼續保持運動的習慣，都是找回健康與保持體態最佳狀況的方法。

　　以上僅供參考，想要改善自己的健康，財富與感情生活，最重要的還是自己正面的意念，及持續不斷執行的意志力與恆心，祝想要窈窕美麗的朋友們都能心想事成，加油喔！

改善睡眠篇

　　睡飽飽的人不僅健康，當然也會美麗囉，所以不管男女都要很注重自己的睡眠品質，有了好的睡眠，精氣神都會飽滿，不僅外表可常保青春活力，頭腦也會特別清晰有創意，睡不好嗎？Crystal提供你一個我親身體驗過的好方法喔！

　　想改善睡眠品質的朋友可使用紫晶枕（如插圖），一個水晶枕大約要用掉約5公斤的晶石碎石，我也看過用白水晶，粉晶碎石作成的水晶枕，但有時磁場太強反而不易安眠，基本上建議用磁場較溫和的水晶，如可幫助穩定情緒與睡眠品質的紫水晶較適合。

　　一個紫晶枕含棉布製的內套與外套各一個，白色棉布內套為了要讓紫晶碎石平均分佈，不會隨著睡眠時頭部的移動而產生凹凸不適的現象，所以一個枕頭大的白色棉布內套通常會車成五六個大小相同的條狀，好將徹底淨化乾淨的紫晶碎石平均裝填進去，並用拉鍊拉上封住，再用有花色的棉布外套套起，同樣會有拉鍊封住，方便時常換洗。

　　但內套與紫晶碎石一段時間也要取出清洗與淨化才行喔，不然睡久了效果會變弱的。

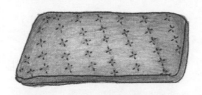

→ 有花色的棉布外套

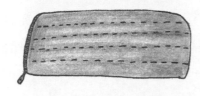

→ 車成五六個大小相同的條狀

　　Crystal自己睡過好幾年的紫晶枕，因為紫晶枕內有晶石畢竟比較硬不那麼舒服，所以我用了一個「偷吃步」──把紫晶枕放在我平常使用的一般羽毛枕或記憶枕下睡，就一舉兩得了！

　　剛開始睡紫晶枕，一向淺眠的Crystal仍然作了很多很奇特且清晰的夢，但一陣子就適應了，也睡得比較沉，睡了這麼久可開發眉輪的紫晶枕，雖說不知道有沒有變聰明啦，但有發現自己的直覺與預知能力都變強了，這倒是始料未及的附加效果呢！

　　不過Crystal對能量本就比較敏感，所以我可不能保證把紫晶枕放在自己枕頭下睡的步數是不是適合每個人喔，大家自己試試看就知道了嚕。

經絡穴道與輪脈篇

　　大家都知道不同晶石對應不同輪脈，對應下三輪的晶石除了以腳鍊、手鍊的方式配戴，還可以將原礦放置在腳下，比方說黑色如可吸收病氣的骨幹水晶，消除負面能量的黑碧璽，黑曜岩以及黑瑪瑙原礦或紅色的晶石如石榴石，紅玉髓，紅髮晶的原礦石等。

　　在靜坐時觀想全身負面的黑氣病氣往下流至腳底湧泉穴，被踏在腳下的晶石吸收掉，身上氣場獲得充分淨化，效果最好。

如果沒有打坐靜坐的習慣，也可以在看電視或看書時將晶石原礦踩在腳下，也會有不錯的功效。

我們也看到許多書上談到運用不同水晶的頻率來治療身體的各個輪脈，圖文並茂非常詳細，針對不同的病癥在身體上鋪陳不同的晶石，並有專業的治療師來導引治療，市面上這方面的資訊已經很多，所以Crystal就不在此範圍多所著墨。

但最近倒是發現了一種運用某種特殊造型的水晶作為聚焦與放大的傳導器，能量氣場透過這水晶後形成束狀，作用如同傳統針灸的針一般，可與中醫的經絡穴道療法結合，目前這樣的另類療法還在試驗階段，非常值得期待。

舒緩憂鬱症篇

近年來由於社會環境競爭激烈，人際關係緊張，壓力增加，越來越多人罹患了所謂的「憂鬱症」，Crystal特地對這些朋友提供幾個配戴晶石的建議選擇，要識情況不同而有所區分。

紫鋰輝石大版珠手珠

1. 對用腦過多，想多過於做的人，可能因為上三輪氣太盛，所以可以配戴對應海底輪的紅色或黑色晶石，如石榴石，黑曜岩等，觀想將氣導至下三輪來，加強行動力，避免想太多鑽牛角尖。

2. 心情不開朗的朋友可以運用對應心輪的綠色或粉紅色晶石項鍊，如綠玉髓，捷克隕石，綠幽靈水晶等直接帶在胸前，幫助放下往日舊事，心情開朗，治療創傷，走出陰霾。

3. EQ不夠高，脾氣暴躁的朋友，則可考慮配戴對應眉輪的紫晶，讓情緒穩定，頭腦清晰不衝動。

(4) 據說含有鋰元素的晶石可舒緩憂鬱症，比如患有躁鬱症的患者可佩帶含鋰之紫鋰輝石來幫助治療，讓患者對生活抱持較積極的態度，不易受外來的干涉影響，如果是有幻聽或幻覺等妄想症的傾向，則可以運用青金石或紅玉髓來化解。

但不管如何，有憂鬱症的朋友，配合醫師的治療，給自己找個精神上的寄託，不管信仰或嗜好都好，常運動，多曬曬太陽，才是最根本的方法喔！

④ 辦公室的水晶養生

上班族是很大的一個族群，朝九晚五的生活中，長坐在辦公椅上，一天至少八個小時得面對電腦，工作壓力一大連吃飯都得匆匆解決，身體長期下來自然容易產生狀況，一不小心就過勞死！所以在辦公室裡的養生之道實在是很重要的，不可不重視！

Crystal也當過很多年的上班族，特別將自己在辦公室中運用晶石幫助養生的經驗跟大家分享，願所有上班族朋友都能快樂又健康！

腸胃方面

上班族工作壓力大、精神緊張，有時一開會或趕文件，常常擔誤了用餐時間，長期下來腸胃就拉警報。有這樣問題的上班族朋友，可以在抽屜內準備黃水晶或黃玉等黃色的晶石，一旦感到腸胃不適或脹氣，就將晶石貼近腸胃的部位、肚臍，就會有舒緩的療效。

黃水晶玫瑰手鍊

眼睛

現代上班族不能或缺的夥伴就是電腦，但電腦看久了眼睛負荷很大，可以準備綠色的晶石，如綠幽靈、東菱石、藍綠琉璃及孔雀石等，操作電腦一段時間後轉而凝視些綠色的晶石，讓綠色的能量補充，還能養肝！

疲倦

很多公司都備有茶水室,甚至專有的咖啡廳,讓員工在下午四點左右可以稍作休息,喝杯下午茶或咖啡。但含有咖啡因的飲料,雖能幫助大家在短時間內提振精神,但卻無法持久,甚至喝上癮了,只要一天不喝就頻頻打呵欠,頭昏腦脹的更加疲勞了。

不如在家做好水晶水(用水晶碎石泡好的水晶水)帶到公司,想喝的時候泡個人蔘片(補充體力)加枸杞(護目),加熱來喝,迅速補充體力、腦力,又不會上癮,真是太好了。

解酒

許多人上班免不了晚上下班後要應酬,應酬免不了要喝酒,但記得不要空著肚子喝酒,真的很傷身,除了一定要先吃點東西墊墊底外,事先喝一些用紫晶泡的紫晶水,據說有解酒的效能。沒空泡紫晶水的話,隨身帶些洗淨的紫晶碎石,直接放到酒杯裡,浪漫又解酒。難怪傳說中紫晶是酒神的最愛。

⑤. 大自然的最佳能量拍檔 —— 晶石與植物精油的搭配運用

雖然Crystal在另一篇文章「水晶水的妙用」中曾提及晶石可運用在沐浴中的方法與效果,除了手工皂的運用外,也可讓精油與晶石在洗澎澎時直接成為最佳拍檔喔。

國外搭配精油或其他靈療的水晶大致分作透明無色及有色的兩大部分,由於無色透明水晶,如白水晶,因為無顏色的限制,因此可以與所有頻率共振,機動性高,選擇的方法以將水晶握在手中,感受其磁場是否讓自己有舒服的感覺,與他的相應是否順暢,選擇讓自己感覺最好的水晶就對了。

至於有色水晶則因有顏色的限制所以範圍較小,通常以不同的顏色用來影響不同的輪脈。選擇有如此作用的水晶時,一定要儘量選擇品質好的晶石,因為品質好的水晶其振動頻率較單一純淨,能真正發揮療效!

水晶與精油一向是最好的搭檔，他們的關係是平等的，是大自然裡植物界與礦物界能量的結合，和諧平衡的一起工作，對人類而言是上天的恩賜，大家一定要非常的珍惜與感恩！因為有色水晶經常與芳香精油有著相似的顏色，甚至可追溯到母花的顏色，而同樣的顏色則可形成共鳴——同樣的震動頻率與治療效用。

白幽靈水晶按摩棒

不管運用無色或有色的水晶，要特別注意的是——當使精油與水晶搭配使用時，由於水晶會與治療者的意念互動，讓精油的效力增加，所以精油的劑量必須稀釋得更低，如果是直接用在身體上的，大約要稀釋到2%的程度，如果是要用在心理層面上，更細微更與能量有關的地方，則要稀釋到約0.5%的程度。天然水晶也可使精油香味擴大，加強效果。

我們日常生活中，在使用精油時也都可以跟天然水晶一起搭配運用，在此Crystal提供幾個比較簡單的方法給大家參考。

使用方法

1 塗抹

當精油已經調配好之後，可在精油瓶中加入一小顆透明的天然水晶，因其可不限於精油的顏色與功用，但對某一特定功能的精油，我們也可搭配對應特定輪脈的水晶，如對抗SARS或H1N1流感等對喉嚨有影響的病症的話，可使用對應喉輪的藍色晶石——海藍寶、拓帕石、藍玉髓、藍晶石等。

2 按摩

使用白水晶按摩棒，按照不同的需求，在水晶尖端處，或是長邊處，滴上一滴精油進行輪脈的氣場按摩，或用有弧度的水晶蛋或水晶小球，滴上精油，對身體不同地方的穴道來作輕柔的按摩也很棒，這樣的按摩可以針對不同的經絡穴道來作。

除了直接接觸按摩之外，也可以先找出不適的病點，其實就是借由水晶的刺激找出最酸痛的地方就是病點，接著以小水晶柱或按摩棒的尖端對著病點，與皮膚隔著約0.5公分左右的距離（或者你可以自行找到你覺得最舒服的距離），從病點循著經絡移動至腳間或手指尖的末端，再由末端移至病點，這時可能會覺得沿路有刺刺麻麻的感覺，那就是水晶的能量刺激了經絡產生的反應，也表示過程進行得很順利，不用擔心。

為了預防這樣的按摩會使某些敏感的人有頭暈或不適的感覺，建議在進行前先在被按摩人的兩腳中間，放一顆可有效吸收負面能量或病氣的黑曜石，煙晶或骨幹水晶，就可以避免上述情形發生。也建議做完以上動作後去喝杯至少500CC的溫開水有助於促進體內毒素排出。

水晶按摩棒

0.5cm

從病點循著經絡移動到腳或手的末端

③ 擴香

使用水晶水加上精油來擴香，已經磁化的水晶水分子更小，可使精油分子更容易經由呼吸與皮膚的接觸，讓分子很快便能被細胞壁吸收，針對不同輪脈可使用不同晶石製造的水晶水，其中透明無色白水晶製成的水晶水，則可通用於不同的精油擴香（請參考本書「水晶水的妙用」一文）。

④ 沐浴

一次寧靜輕鬆的沐浴常會讓人解除壓力煩躁，如果能在泡澡時加上精油與水晶，更能事半功倍，加乘效果！由於現代人時間寶貴，通常都以淋浴來洗去一天的疲憊，但如果要以沐浴來針對某種目的，那麼便要用特別的方式，甚至像一種儀式般來進行沐浴大事，這不用太常進行，把它當成一種自我治療或是洗滌氣場的獨特方式，不然便會失去效用。

　　首先要選擇一個較不易被家人打擾的時段，以及可以安心進行泡澡的浴室，爲了配合風火水土四大元素，除了浴缸裡一定要儲滿適量溫度的水之外，可將浴室中的燈光以柔美的燭光代替（很像外國電影裡常出現的情景），另外不能忘記兩大主角——精油與水晶，在進行泡澡前一定要先想好此次沐浴的目的，並按照此目的精心挑選適合的精油與水晶組合，通常要考慮的是其色光與母花色系的微妙關聯。

例如：
　　穩定情緒及助眠：高地薰衣草（最多三滴）　＋　對應眉輪的紫水晶
　　催情：玫瑰（最多一滴，孕婦不可使用）　＋　對應心輪的粉晶等
　　……以此類推

　　先把搭配使用的水晶——晶球或晶柱甚至碎石（可以事先以網袋裝好以免刮傷皮膚）都可以，事先淨化徹底後放至泡澡浴缸的水裡，或是安放在浴缸的四個角落，但要小心不要碰倒掉落，撞壞了可是很心疼的喔。

　　另外精油的部分可有兩種使用方式，一種是事先調好成按摩油，進浴室後先洗淨全身，然後將按摩油塗滿身體再進浴缸泡澡，另一種方式則是將純精油依適當比例滴入浴缸中，直接進入泡澡。

　　泡澡時可靜靜躺在浴缸中，放鬆全身，以腹式呼吸法調整呼吸，並集中精神觀想水晶釋放出能量與色光，隨著精油被皮膚及呼吸系統吸收，充滿身體內外，將體內負面的黑氣晦氣由腳底湧泉穴排出，進而被淨化，大約泡個15～20分鐘後，便可出浴。

　　如果沒有時間悠閒的泡澡，也可採用Crystal在書中之前提過的，直接用含有各種晶石能量水搭配小晶石與各種對應植物精油或花精製成的手工皂來洗浴，也會有事半功倍的效果喔！

出浴後可先坐在浴缸邊緣稍作休息與沉澱，最後把自己用大浴巾或浴袍包裹起來，讓柔軟的毛巾布將身上的水滴自然吸掉，不必特意擦乾，這樣的泡澡也特別適合在身心經過頗大刺激，情緒有極大起伏後來進行，比如說與他人爭執衝突後，發生突發的意外事故後，或者曾經到過氣場很雜亂的地方（如醫院，百貨公司，大眾運輸工具，殯儀館等）後使用。

⑥ 晶石與精油的搭配

兩者共同點

① 來自大自然的磁場與能量──有機生命起源的祕密（種子水晶）。

② 與生命體的互動──獨特性與專屬性。

③ 色彩的對應──精油母花與晶石的色彩關係。

④ 相信的力量──水晶獨特的接收，儲存，擴大，傳遞特性，將更多生命力導入身體，擴大並傳達治療者的意圖，搭配精油尤其有效。

與人體七輪脈的對應

① 海底輪──對應光──紅色或黑色
對應晶石──石榴石 　　　　　　　對應精油──沒藥
對應晶石──黑曜石 　　　　　　　對應精油──廣藿香
對應晶石──黑色電氣石 　　　　　對應精油──岩蘭草

② 太陽輪──對應光──黃色
對應晶石──黃水晶 　　　　　　　對應精油──柑橘
對應晶石──黃玉 　　　　　　　　對應精油──岩蘭草

（3）心輪——對應光——粉紅或綠色

對應晶石——粉晶　　　　　　　　　對應精油——玫瑰

對應晶石——紫鋰輝石　　　　　　　對應精油——佛手柑（將靈性向上推展，
　　　　　　　　　　　　　　　　　　　　　　　　如孩童般純真）

對應晶石——孔雀石（清潔的力量）　對應精油——黑胡椒＋胡蘿蔔種子油
　　　　　　　　　　　　　　　　　　　　　　　　＋鼠尾草

（4）喉輪——對應光——藍色

對應晶石——藍色電氣石　　　　　　　　　　對應精油——德國洋甘菊

對應晶石——海藍寶、天河石、Aqua Aura　對應精油——洋甘菊

（5）眉輪——對應光——藍紫色

對應晶石——蘇具徠石　　　　　　　對應精油——迷迭香

對應晶右——紫水晶　　　　　　　　對應精油——薰衣草

對應晶石——海藍寶、天青石　　　　對應精油——義大利永久花

（6）頂輪與第八輪——對應光——紫色或白色

對應晶石——白水晶　　　　　　　　對應精油——橙花

對應晶石——髮晶（涵金紅石）　　　對應精油——橙花

對應晶石——魚眼石　　　　　　　　對應精油——花梨木與歐白芷

（7）與一個以上輪脈相關的精油

精油——玫瑰　　對應——海底輪，臍輪與頂輪的最上層（粉紅色方解石與西瓜碧璽）

精油——檀香　　對應——臍輪與頂輪（黃水晶）

精油——茉莉　　對應——臍輪與喉輪（藍寶石）

精油——乳香　　對應——海底輪與頂輪（虎眼石）

感謝好友張元貞老師提供植物芳香精油搭配之相關資訊。

寵物水晶

許多壓力大的現代人，找不到方法紓壓，時間久了甚至會有點憂鬱症的傾向，所以有不少心理醫師都會建議——養隻寵物吧！

但寵物可不能說養就養，得先衡量一下自己的時間與家裡的空間與環境，還要調適好心情，如果要養就要好好養一輩子，不然就不要養，像準備生小孩一樣，都得為一條生命負責任的。

比方說要養狗的話，家裡有沒有經常可以有人陪著？因為狗狗很黏人的，是否有固定時間可以溜狗，並解決大小便的問題？環境空間夠不夠大讓牠活動？尤其是大狗，一直關在籠子裡其實牠會很難過的，簡直是一種變相的虐待。

貓咪的話也是，特別是貓咪還有換毛掉毛的問題，牠們一段時間也需要特殊的東西來磨爪子，不然家裡的沙發家具恐怕就會遭殃了，那恐怕會讓人抓狂吧？

其它的寵物Crystal沒養過，所以很難想像，如果各方面都不適合，只是為了遵從醫師的建議養隻寵物來紓壓，Crystal猜最後不僅自己會憂鬱得更嚴重，連寵物都也一起得了憂鬱症吧？好可憐喔！

Crystal多年前養過一隻長得跟我很像的馬爾濟司小白狗Mickey（就眼睛大大的看起來憨憨的，聽說主人跟寵物通常都會蠻相像的喔），牠是男生喔，卻也很會撒嬌，Crystal從單身一人住台北時就從同事那兒領養了牠，一直到我出嫁，牠是我唯一的嫁妝，想當我老公就要連牠一起接受才行！

Mickey既然陪在我身邊，Crystal當然也常在牠身上運用晶石的能量囉！

　　寵物偶而也會生病，Mickey跟我一樣心臟跟支氣管都較弱（連毛病也很像真的很妙吧？）以前Crystal就常把靈擺放在寶貝寵物Mickey上方作試驗，牠身體好時就順時鐘轉得很大圈，靈擺幾乎像要飛起來一樣，牠身體較差時就轉得很小圈，因此可以將水晶水滴幾滴在寵物平常喝的水中，有病治病，沒病強身。聽說紫水晶泡的水晶水對驅除寵物身上的跳蚤有很好的療效哦，不知道是真是假，我試不出來，因為Mickey身上沒有跳蚤，有養寵物的朋友可以試驗看看。

　　另外有看過書上講可觀想宇宙下來的藍色光自寵物頭部進入，充滿牠的整個身體，對牠們很好，所以可以用藍色的晶石串成頸鍊給寵物們配戴。

　　Crystal曾用五色繩串起好幾顆黃水晶的不規則形珠珠，作成一條項鍊給Mickey戴，牠也戴得挺習慣開心的喔！

King

　　Crystal的弟媳Miya養的金吉拉種貓咪King醬（日文發音），也有圓圓的眼睛與很漂亮的蓬蓬灰長毛，剛抱來幾個月大時Crystal也曾作了一串好像是紫晶，粉晶搭配白水晶的項鍊給牠戴，戴起來好可愛ㄋㄟ！

　　Crystal以前也喜歡養魚，從單身時一時興起在水族館買了一條尾巴長長，顏色鮮豔的鬥魚回來，養在小小的玻璃圓缸裡，常常拿個小鏡子對著那鬥魚照，讓牠以為看見另一隻鬥魚，便把小小的鰓給鼓起來虛張聲勢地想嚇唬「對方」，很有意思！Crystal每每就當幫牠練習一下求生的技巧，時不時逗著牠玩兒，不然一隻鬥魚實在太孤單了。

　　後來逐漸養出興趣來了，從像個柚子大小的小圓缸，擴充至小玉西瓜大小的圓缸，魚兒越養越多，只好去買來有裝濾水馬達的兩呎長方型魚缸，最顛峰的紀錄則是去訂做了三尺寬大魚缸，除了更專業的濾水馬達外，還另加打氣馬達，假山水草造

景，養的魚種則從鬥魚晉升為金魚，後來金魚實在太愛吃了，排泄物很多水一下子就髒了，就跟水族館老闆商量交換魚兒，改養慈鯛類的小魚，最後三尺缸養的是好幾條比賽級的七彩神仙魚，從十塊錢硬幣大小養到手掌大，很厲害吧！

養魚的過程中Crystal發現用水晶碎石鋪在魚缸底部，水質會變得比較清澈不易髒汙混濁，當時我花了不少心思去找齊七種不同色彩的晶石碎石，還在假山造景中放了小水晶球或晶柱，有時不小心摔壞的一些晶石飾品，也會將金屬附件或線繩拆下後放進魚缸裡，讓晶石與魚兒一起安享天年！

後來才知道原來晶石產生的能量與振動頻率能磁化水分子，維護水質的乾淨，所以Crystal的魚缸不只水質乾淨剔透，換水的頻率大概是別人的一半，不僅省水省事也讓魚兒健康生長不易生病！

Crystal結婚後因老公工作的關係得從台北搬到新竹，所以原來在天母的住家得處理掉，但房子裡的三尺魚缸實在太大，擔心搬遷過程魚兒會受不了驚嚇與環境的變化，還好很幸運地遇見也喜歡養魚的買主，於是決定把魚缸留給他們，他們並允諾我會好好照顧這些寶貝魚兒們，十年已經過去了，但願魚兒們能繼續健康活潑地悠遊在鋪滿晶石的魚缸裡，如之前一樣帶給主人賞心悅目的畫面與寧靜快樂的心情！

常說晶石能擴大能量，只要我們將正面的能量觀想輸入給晶石，那麼這正面能量便會被擴大傳遞，不僅對我們自身有幫助，連我們四周的環境與人事物都會受到好的影響，包括跟我們朝夕相處親如家人的寵物們，都能因為晶石而更健康快樂，我想這也是一種無私的慈悲與愛喔！

本書參考文獻

書名	作者	譯者
玉想	張曉風	
依莎貝爾Isabelle's Color Miracle的色彩奇蹟故事	上官昭儀	
「開運招財」幸運石	森村亞子	法蘭西絲
氣輪・能量・愛相隨	大衛・龐德	陳文君
水晶高頻治療	Katrina Raphaell卡崔娜・拉斐爾	奕蘭
寶石圖鑑	卡莉・霍爾著	
岩石與礦物圖鑑	克里斯・佩倫特	
祖母綠與水晶	張雋	
水晶寶石的驚人力量	美堀真利	高惠玲
幸運寶石	劉宏順	
水晶誌	茉莉美人雜誌發行	
水晶治療	陳浩恩	
水晶宮之旅	陳浩恩	
水晶與風水	陳浩恩	
水晶風水的祕密	陳浩恩	
寶石的神奇療效	海嘉・寶汀娜	陳浩恩
晶靈——如何運用水晶提升生命素質	鮑文	譚俊宏　馮正萍
寶石的神祕力量	林陽	
弄翻了珠寶箱	延田裕子	陽慧芳
色彩與水晶——氣輪之旅	喬依・佳娜Joy Gardner	楊淑媜
魅力水晶	日人田中先生	陳明鈺
寶石情深	丁興旺	

書名	作者	譯者
水晶‧寶石如何改變我們的一生	Soozi Holbeche	李僕良
戀愛風水	李家幽竹	高千惠
芳香療法大百科	派翠西亞‧戴維斯	李靖方
芳香精油心靈能量處方	派翠西亞‧戴維斯	盧心權
芳香療法精油寶典	汪坦‧謝勒	溫佑君
芳香療法植物油寶典	Len Price廉‧普萊斯	張元貞審訂
		源臻芳香照護學院出版團隊
水晶寶石的靈性功能	徐華震	
水晶寶典	徐華震	
水晶物語	徐華震	
來自喜馬拉雅的祝福──水晶缽	徐華震	
水晶完全實用手冊	徐華震	
神話水晶	徐華震	
來自天使的訊息──捷克隕石	馬龍	
水晶球與天眼通	馬龍	
天然水晶應用寶典	蘇諓嘉	
珠寶，女人最好的朋友	曾郁雯	
台灣的寶石	余炳盛　方鑑能	
水晶能量全方位使用圖鑑	茱蒂‧霍爾Judy Hall	陳惠嬪
靈性水晶能量圖鑑	茱蒂‧霍爾Judy Hall	黃春華‧陳惠嬪
招財水晶	藍元彤	
愛情水晶	藍元彤	

書名	作者
Ancient Legends of Gems and Jewels.	Jangl, Alda Marian and James Francis.
How to Make Amulets, Charms, and Talismans.	Lippman, Deborah and Paul Colin.
Stone Power.	Mella, Dorothee L.
Dictionary of Superstitions.	Opie, Iona and Moira Tatem. A
Magic Charms from A to Z.	Witches Almanac LTD.
Crystal Healing the Next Step.	Galde, Phyllis.
Ancient Legends of Gems and Jewels.	Jangl, Alda Marian and James Francis.

本書參考網站

The Larimar Museum網站 http://www.larimarmuseum.com/whatis.html

http://en.wikipedia.org/wiki/Larimar 網頁

印諾世奇網站--http://homepage13.seed.net.tw/web@5/ammolite/main.htm

微風輕哨網站-http://blog.westca.com/blog_belkin_van/p_full/5147.html

http://www.hkbuddhist.org/magazine/502/502_14.html

http://tw.myblog.yahoo.com/jw!58ThvCqFFRl00VbVmXrewQ3iMfj2/article?mid=50

http://tw.myblog.yahoo.com/abuysuny/article?mid=470

http://mygod0328.pixnet.net/blog/post/30414434

國家圖書館出版品預行編目資料

幸福水晶生活 / 藍元彤著：—— 初版 .
—— 臺中市：晨星，2012.08
面； 公分 . ——（Guide Book；609）

ISBN 978-986-177-586-9（平裝）

1. 水晶　2. 改運法

357.62　　　　　　　　　　　101003010

Guide Book　609
幸福水晶生活

作者	藍 元 彤
主編	莊 雅 琦
編輯	范 毅 冶 、 陳 珉 萱
校對	范 毅 冶 、 陳 珉 萱
封面設計	陳 其 輝
插畫	麥 朵
攝影	Ivan Lai 賴 允 君
美術編輯	黃 寶 慧

負責人	陳銘民
發行所	晨星出版有限公司
	台中市 407 工業區 30 路 1 號
	TEL:(04)23595820　FAX:(04)23550581
	E-mail:morning@morningstar.com.tw
	http://www.morningstar.com.tw
	行政院新聞局局版台業字第 2500 號
法律顧問	甘龍強律師
承製	知己圖書股份有限公司　TEL：(04)23581803
初版	西元 2012 年 08 月 09 日

總經銷	知己圖書股份有限公司
	郵政劃撥：15060393
	（台北公司）台北市 106 羅斯福路二段 95 號 4F 之 3
	TEL:(02)23672044　FAX:(02)23635741
	（台中公司）台中市 407 工業區 30 路 1 號
	TEL:(04)23595819　FAX:(04)23597123

定價 360 元

ISBN 978-986-177-586-9

◆ 讀者回函卡 ◆

以下資料或許太過繁瑣，但卻是我們瞭解您的唯一途徑

誠摯期待能與您在下一本書中相逢，讓我們一起從閱讀中尋找樂趣吧！

姓名：_____ 性別：□ 男 □ 女 生日： / /

教育程度：□ 小學 □ 國中 □ 高中職 □ 專科 □ 大學 □ 碩士 □ 博士

職業：□ 學生 □ 軍公教 □ 上班族 □ 家管 □ 從商 □ 其他 _____

月收入：□ 3萬以下 □ 4萬左右 □ 5萬左右 □ 6萬以上

E-mail：_____ 聯絡電話：_____

聯絡地址：□□□ _____

購買書名： 幸福水晶生活 _____

‧從何處得知此書？

□ 書店 □ 報章雜誌 □ 電台 □ 晨星網路書店 □ 晨星養生網 □ 其他 _____

‧促使您購買此書的原因？

□ 封面設計 □ 欣賞主題 □ 價格合理

□ 親友推薦 □ 內容有趣 □ 其他 _____

‧您有興趣了解的問題？ （可複選）

□ 中醫傳統療法 □ 中醫脈絡調養 □ 養生飲食 □ 養生運動 □ 高血壓 □ 心臟病

□ 高血脂 □ 腸道與大腸癌 □ 胃與胃癌 □ 糖尿病 □內分泌 □ 婦科

□ 懷孕生產 □ 乳癌／子宮癌 □ 肝膽 □ 腎臟 □ 泌尿系統 □攝護腺癌 □ 口腔

□ 眼耳鼻喉 □ 皮膚保健 □ 美容保養 □ 睡眠問題 □ 肺部疾病 □ 氣喘／咳嗽

□ 肺癌 □ 小兒科 □ 腦部疾病 □ 精神疾病 □ 外科 □ 免疫 □ 神經科

□ 生活知識 □ 其他 _____

以上問題想必耗去您不少心力，為免這份心血白費

請務必將此回函郵寄回本社，或傳真至(04)2359-7123，感謝您！

◎每個月15號會抽出三名讀者，贈與神祕小禮物。

晨星出版有限公司 編輯群，感謝您！

享健康 免費加入會員‧即享會員專屬服務：

【駐站醫師服務】免費線上諮詢Q&A！

【會員專屬好康】超值商品滿足您的需求！

【VIP個別服務】定期寄送最新醫學資訊！

【每周好書推薦】獨享「特價」+「贈書」雙重優惠！

【好康獎不完】每日上網獎紅利、生日禮、免費參加各項活動！

◎請直接勾選：□ 同意成為晨星健康養生網會員 將會有專人為您服務